한국현대건축총람
韓國現代建築總攬
2000~2009

한국현대건축총람
韓國現代建築總攬
2000~2009

(사)한국건축가협회 저

대가

《한국현대건축총람(2000~2009)》 발간을 진심으로 축하합니다. 이번에 출간된 한국현대건축총람은 저에게는 매우 의미있는 책입니다. 제가 본 협회 회장으로 임기를 시작하던 지난 2010년 2월에《한국현대건축총람·건축가(1900~1999)》가 발간했으며, 그로부터 2년 후 제가 임기를 마치는 2012년 2월에《한국현대건축총람(2000~2009)》을 또다시 출간하게 되었기 때문입니다. 회장 임기 2년 동안 건축총람을 두 번이나 발간한다는 것은 건축가의 한 사람으로서 매우 영광스럽고 의미 있는 일입니다. 그동안 이 책을 위해 소중한 시간을 허락해주신 이선영 한국건축가협회 출판위원장님을 비롯한 필자 여러분들의 노고와 정성에 진심어린 감사와 축하의 마음을 전합니다.

　역사는 기술하는 것이 아니라 평가하는 것이라고 했습니다만, 역사를 쓰기 위한 총람 작업은 평가의 기반이 되는 중요한 기록 작업입니다. 우리가 지난 10년간 건축이 걸어온 길을 되돌아보고 이를 모아 정리하는 작업이야 말로 후대에 이 시대 건축에 대한 올바른 평가를 받는 것임은 물론, 나아가서는 보다 지속적이고 발전적인 건축을 하기 위한 일이라 생각합니다. 따라서 앞으로 이 책이 우리 건축가들은 물론 국가 건축정책 방향 설정을 위한 기초 자료집으로서 좋은 길잡이가 되길 희망합니다.

　본 협회는 앞으로도 이러한 건축계의 중요한 시간들에 대한 자료를 수집하고 정리하는 일에 지속적인 관심과 지원을 해나갈 것입니다. 또한 그동안 진행해왔던 '건축아카이브 사업'을 더욱 강화해 우리 건축의 우수한 자료들이 하나라도 덧없이 소실되지 않도록 노력해나갈 것입니다.

　다시 한 번 《한국현대건축총람(2000~2009)》 발간을 축하드리며, 이러한 기록 작업에 대한 우리 건축계의 지속적인 관심과 협조를 부탁드립니다.

2012년 2월
(사)한국건축가협회
회 장 이상림

한국건축가협회는 1994년 현대건축총람1을 《한국의 현대건축 (1876~1990)》이라는 제목의 묵직한 책으로 묶어내면서 기록 작업을 시작하였다. 이후 2000년에 현대건축총람2를 《한국의 현대건축 · 건축가》로 출판하였고, 2010년에 《한국현대건축총람 · 건축가(1990~1999)》를 펴낸 바 있다. 본 책자의 발간을 통하여 총 4권의 총람이 완성되면서 앞으로 이러한 기록 작업이 10년마다 정기적으로 이루어지는 공식적인 작업으로 자리매김할 수 있게 되어 무엇보다도 의미 있게 생각한다.

밀레니엄이라는 새로운 시간으로 들어서면서 10년간 우리나라의 건축계가 경험한 실로 엄청난 변화는 어디에서부터 이야기를 시작해야 할지 난감할 정도로 크고 급격한 것이었다. 이번에 발간된 《한국현대건축총람 (2000~2009)》은 10년을 대표하는 키워드를 찾는 작업부터 시작되었다. 출판위원회의 자문위원을 모시고 이루어진 출판위원회 회의를 통하여 도출한 2000~2009년의 키워드는 신도시 · 뉴타운, 대형 프로젝트, 글로벌라이제이션, 단지의 시대, 그린패러다임, 디지털, 건축학교육인증, 작가주의였다. 이들 키워드를 통하여 필자를 찾는 작업이 이루어졌고, 필자들과의 첫 회의가 이루어진 뒤 총 네 번의 편집회의와 내용발표를 통하여 중복되는 내용과 누락되는 내용을 점검하였다. 기획부터 출판까지의 16개월이라는 기간은 방대한 작업을 정리하고 기록하기에 턱없이 부족한 시간임을 절감하였으나 이후에 이루어질 정기적인 기록 작업의 연속성을 위하여 일단락을 지었음을 밝히고 싶다. 가장 업데이트된 자료를 수록하는 과정에서 간혹 필자들의 시점이 2009년 이후로 되어 있는 표현이 있다면 동시대를 사는 독자와의 교감을 위한 내용으로 너그러이 봐주기를 부탁드린다.

끝으로 긴 집필과 회의의 과정에 동참한 집필진과 한국건축가협회 출판위원회위원과 자문위원 그리고 세밀한 부분까지 지원을 아끼지 않은 이상림 회장님을 비롯한 회장단과 이사진 모두에게 지면을 빌어 깊은 감사의 말씀을 드리고 싶다.

2012년 2월
(사)한국건축가협회 출판위원회
위원장 이선영(서울시립대학교 건축학부 교수)

I

2000 2001 2002
2003 2004 2005
2006 2007 2008
2009

한국 건축의 재정의를 위하여

배형민 | 서울시립대학교 건축학부 교수

1998년 IMF 위기 당시 우리나라 건설산업은 국내총생산 중 10%의 비중을 차지하고 있었다. 2000년대 경제가 회복되는 과정에서도 건설산업의 비중은 점차 줄어들어 이제 5%에 이르고 있다. 더 근본적인 사회경제 양상은 지난 10년간 우리나라가 저성장의 기조에 완전히 들어섰다는 것이다. 근대화 이후 처음으로 인구감소 현상을 경험했고 전통적인 공동체적 가치들이 흔들리고 있다. 이를 포스트−IMF 신드롬으로 해석하기도 하지만, 일종의 한국적인 탈근대 현상이자 보다 큰 시대의 트랜드로 이해할 수 있을 것이다. 문제는 근대화가 급격하게 닥쳤던 것처럼 이러한 탈근대 현상도 갑작스럽게 도래하고 있다는 것이다. 민간과 공공 모두 무분별한 부동산 사업을 추진했고, 이러한 사업에서 턴키발주와 프로젝트 파이낸싱이 지배하였다. 지난 십 년의 과잉개발과 대형개발의 후유증을 지금 한국사회와 건축계가 앓고 있는 것이다. 이러한 위기는 비단 우리나라에 국한된 상황은 아니다.

200년 넘게 지속되었던 서구 중심의 세계는 본격적으로 재편되고 있는 상황이다. 이것은 자본과 권력 자체의 이동을 말하는 것인 동시에 담론의 전환기를 맞이하고 있다는 뜻이다. 다시 말해서, 모든 분야에서 이제 서구 중심의 담론이 설득력을 가질 수 없다는 것이다. 전 지구적인 스케일에서 경제와 환경여건이 근본적으로 바뀌면서 대형화의 기조를 쫓아가던 우리의 건축계가 크나큰 위기에 직면하게 되었다. 건설산업의 후퇴와 저성장 시대에 한국 건축의 비전을 어떻게 만들어 갈 것이냐는 문제가 바로 지난 한 세대가 우리에게 던지는 질문이다. 그 해답의 큰 틀은 우리가 이미 알고 있다. 건축은 전문 직능과 기율로서 전 세계를 대상으로 하는 폭넓은 지식산업과 문화산업으로서 거듭나야 한다. 문제는 어떻게, 어떤 내용으로 이 길을 가느냐는 것이다. 지난 15년간 한국 건축은 그 첫 걸음을 시작했다. 한국 건축이 어떻게 재정의될 수 있는지 그 가능성을 보았던 시기였다.

한국 건축에 대한 인식의 변화는 대중매체에서 두드러지게 나타났다. 이제는 중앙일보, 동아일보, 한겨레신문 등에서 건축 관련 기사와 특집,

각종 건축기행과 공간읽기 칼럼을 흔히 볼 수 있다. 『행복이 가득한 집』을 넘어 각종 남녀 패션 잡지에서 건축을 다루고 있다. 베스트셀러가 된 이용재의 『딸과 함께 떠나는 건축여행』 시리즈는 내용이나 글쓰기 방식에서 서현의 『건축, 음악처럼 듣고 미술처럼 보다』와는 확연히 성격이 다른 대중성을 갖고 있다. 방송매체를 통한 건축 관련 강연들이 있었고, 네이버와 같은 인터넷 포털사이트에서도 건축을 일상적으로 다루고 있다. 또 작고한 정기용을 주인공으로 한 정재은 감독의 다큐멘터리 〈말하는 건축가〉가 2012년에 극장 개봉할 예정이다. 앞으로 종합편성의 시대에 문화 콘텐츠를 건축에서 찾으려는 시도가 더욱 많아질 것이다.

건축계가 일반 시민과 교감을 가질 수 있는 또 하나의 장르는 전시이다. 건축의 기성 조직들이 연례적으로 개최하는 전시는 1960년대부터 꾸준히 지속되어 왔지만 2002년 과천 국립현대미술관 '올해의 작가'로 선정되었던 승효상의 건축전부터 2010년 말 일민미술관에서 개최되었던 정기용의 〈감응〉 전까지 건축 전시가 건축계 내부에 제한되지 않은 넓은 문화층에 호소력을 가질 수 있다는 가능성을 보여주었다. 한국 건축에 대한 해외의 관심이 높아지면서 해외 전시들 또한 본격화되기 시작했다. 베니스 비엔날레 한국관의 전시들이 계속 이어졌고 독일건축박물관에서 개최되었던 〈메가시티 네트워크〉, 하버드 대학에서 주최했던 〈Convergent Flux〉 전시회, 피렌체 대학에서 시작했던 〈서울스케이프 순회전〉, 베를린 에데스 갤러리에서 개최되었던 일련의 전시회들이 일정한 성과를 거두었다. 일반 시민을 대상으로 하는 건축전시와 문화기획은 분명 성장산업이다. 건축 프로젝트의 기회가 점점 줄어드는 상황에서 페이퍼 아키텍쳐가 본격적으로 한국 건축문화에 자리를 잡고 있는 것이다.

이렇게 대중을 위한 건축담론의 시장이 성장하는 상황에서 건축계 내부의 담론은 오히려 위축되었다. 우리나라는 1980년대부터 1990년대 초까지 많은 건축 잡지들이 창간되었고 2000년대에 들어와 인터넷이 발달하면서 외서와 함께 해외정보와 이미지들이 동시대적으로 입수되었다. 하지만 이러한 정보의 홍수 속에서 건축계에는 '인문학의 위기'가 도래했다. 『건축과 환경』과 『공간』은 1990년대 후반부터 이미지 중심의 잡지로 전환하였으며, 『이상건축』은 여러 가지 변모 과정을 거치면서 결국 2005년에 폐간되었다. 이러한 트랜드는 국내에 한정된 것만은 아니었다. 1990년대 후반에 들어오면서 모더니즘, 포스트모더니즘, 해체주의 등의 이론적인 논의들이 수그러들었고, 이에 발맞추어 대형 판형의 『엘 크로키』가 세계 건축계의 가장 중요한 잡지로 부상하였다. 인터넷과 이미지 중심의 담론이 건축 대중화의 흐름에 발맞춘 것이라 하더라도 감각적인 자극만으로는 건축을 시민의 삶 속에 자리 잡게 할 수는 없다. 건축가가 드라마의 주인공으로 등장하는 수준을 넘어서 대중의 지식 세계로 들어가기 위해서는 건축담론을 생산하는 전문 영역 내부의 기제들이 활발해야 한다.

건축이 지식과 문화를 생산하려면 교육이 그 기반을 다져주어야 한다는 것은 자명하다. 2000년대의 첫 십 년 동안 분명 한국 건축교육에 큰 변화가 있었다. 우리는 원론적으로 건축교육을 건축의 전문성을 지키고 키워내는 제도조직이라 말하지만 우리나라의 건축학교는 21세기 초까지도 건설산업인력을 양성해내는 것이 주 임무였던 것이 사실이다. 2000년대에 들어서 건축학전공이 분리되고 5년제 인증시스템이 도입되었다고 하지만, 이제 건축학교가 건축가를 양성하는 역할을 한다고 단순하게 생각해서는 안 된다. 학교는 인력의 양성소인 만큼 지식을 생산하는 곳이다. 이 점은 짧은 시간 내에 관료화되어 버린 우리나라의 인증시스템 속에서 특히 강조할 필요가 있다. 모든 건축과 졸업생이 건축가의 능력과 소양을 갖추어야 한다는 명분을 내세우는 과정에서 인증시스템이 교육의 내용을 경직시키고 있다. 건축 교육은 시대의 변화에 따라 건축가의 소양이 무엇인지를 숙고하고 지속적으로 재정의해 나갈 수 있어야 한다. 실무에서는 당장의 현실을 받아들이는 것이 우선이라면 학교는 이런 현실에 대해 상상력을 갖고 실험적으로 대응하는 곳이다. 세계화와 함께 디지털 테크놀로지가 급속도로 발달하고 문화산업의 요구들이 다변화 되어가는 상황에서 한국의 건축교육은 사회적 제도, 문화적인 규범 그리고 전문적인 실천 양식으로서 건축을 새롭게 정의하는 데 앞장서야 한다. 더 나아가 건축교육은 타 학문 분야의 교육 모델이 될 수 있다는 것을 인식할 필요가 있다. 현실 프로젝트에 기반을 두고 사회 참여를 전제로 하는 스튜디오교육이 폭넓은 인문사회과학의 새로운 교육 모델의 기반이 될 수 있는 것이다. 인문사회교육도 참여와 실천을 지향하고 있는 상황에서 건축교육이 폭넓게 그 잠재력을 발휘할 때가 왔다.

사회가 건축을 학습하는 가장 중요한 방식은 일상생활을 통해서 좋은 건축을 배우는 것이다. 2000년대의 가장 고무적인 현상 중 하나는 건축 프로젝트들이 다변화되고 시민의 생활과 함께하는 좋은 프로젝트들이 여럿 실현되었다는 것이다. 한옥 호텔에서부터 복합문화시설을 겸한 모델하우스가 등장했다는 것은 곧 사회의 요구가 다양해지고 좋은 건축주들이 다방면에서 등장했다는 뜻이다. 2000년대에 들어와서 조성룡·정영선의 〈선유도 공원〉과 같은 서울시 공원 프로젝트, 최문규의 〈쌈지길〉과 같은 도심상업시설, 김인철의 〈어번하이브〉와 같은 고층 임대 오피스, 김승회의 〈이우학교〉와 같은 학교시설, 승효상과 민현식의 〈대전대 프로젝트〉와 같은 대학 캠퍼스, 최욱의 〈학고재〉와 같이 한옥과 현대건축이 조합된 갤러리, 임재용의 〈서울석유〉와 같은 도심복합시설, 조성룡의 〈꿈마루〉와 같은 현대건축의 리노베이션, 조민석의 〈부티크 모나코〉와 같은 오피스텔 등 다양한 종류의 프로젝트에서 좋은 건물이 실현되었다. 김중업의 〈프랑스 대사관〉, 김수근의 〈공간사옥〉과 〈경동교회〉, 이희태의 〈절두산 교회〉 등 20세기 한국의 주요 현대건축이 대부분 프로그램의 성격상 공공에게 열려있는 프로젝트들이 아니었던 반면, 21세기의 프로젝트들은 많은 경우 다양한 방식으로 시민들에게 열려있다. 민간 프로젝트이든 공공 프로젝트 이든 도시건축의 공공성을 통해 건축을 재정의해 나간다는 것이 한국 건 축의 가장 큰 수확 중 하나라 하겠다.

좋은 건축이면서 시민이 친숙하게 접하는 시설들이 실현된 배경에는 공공부문이 과거의 권위주의적 태도에서 벗어나 시민들에게 열린 프로젝 트를 지향하기 시작한 시각의 변화가 있다. 하지만 공공미술과 공공디자 인이 화두였던 지난 십 년, 지방자치단체를 중심으로 추진되었던 대규모 공공프로젝트들은 많은 문제를 낳고 있다. 여의도 공원의 완공을 기점으 로 청계천복원사업, 한강르네상스, 광화문 광장 등 정치적 파장을 가진 대 형 공공프로젝트들은 임기 내 완공이라는 정치적 일정에 매여 하나 같이 졸속의 폐해를 동반하였다. 제도적인 정비를 할 수 없는 상황에서 프로젝 트를 정의하는 방식, 스펙터클 위주의 디자인 그리고 공간과 시설의 관리 방식에서 많은 문제를 낳았다. 특히 청계천복원사업과 같이 새로운 공공 공간이 열리면서 그것이 자극하는 주변의 개발을 콘트롤할 수 있는 제도 적 장치가 미비할 때 도시의 공공성은 파괴될 수 있다. 운영이 제대로 되 지 않는 많은 지방의 공공시설과 마찬가지로 프로젝트를 어떻게 규정하느 냐는 것이 핵심이다. 이런 프로젝트들은 공공 영역을 확장시키고 있다는 긍정적인 의미가 있으나 프로젝트를 실현하고 관리하는 정치 메커니즘과 관료적 체제가 걸림돌이 되고 있다.

　　이제 우리나라의 관료체제도 유연해져야 한다. 2010년 〈안중근 기념관〉의 개관식에 건축가 임영환과 김선현이 초청되지 않았다는 사실이 대중매체를 통해 보도가 되어 건축가의 위상에 대한 논란이 최근에 있었다. 그런가 하면 2008년 건축기본법이 제정되고 국가건축정책위원회가 공식적으로 활동을 시작하면서 국가 체제에서 건축의 위상이 높아질 것이라는 기대가 생기기 시작했다. 하지만 이런 국가조직이 어떤 역할을 할 수 있는지가 구체적으로 드러나지 않고 있다는 것은 문제점이라 할 수 있다. 문화의 성장은 관료주의 체제에서 분명한 한계가 있다. 문화의 에너지가 다양성과 차이에서 만들어지는 것이라면 관료주의는 평준화된 세계를 전제로한다. 우리의 공공영역이 성장하기 위해서는 다양성이 수용되어야 하고 새로움이 수용되어야 한다. 우리나라의 건축문화와 건축의 공공성이 성장하기 위해서는 민간과 시민단체의 역할이 더욱 중요해졌다. 그런 면에서 〈파주출판도시〉와 〈기적의 도서관〉 프로젝트들은 그 실현 과정에서 공공과 민간 그리고 NGO의 역할이 건축과 함께 어우러졌다는 측면에서 주목을 받을만한 프로젝트들이다. 특히 〈파주출판도시〉의 경우 건축가와 출판사들 간의 협약 과정, 한강과 주변 자연의 논리 그리고 건축설계 지침이 프로젝트를 둘러싼 담론의 핵심이었다. 완성된 건축공간에서의 경험만큼 도시와 시설이 만들어지는 과정과 논리가 건축담론의 중요한 기제였다는 점에 주의를 기울여야 한다.

건설의 기회가 적어지더라도 집을 짓는 일이 지식을 생산하며 동시에 문화를 키워가는 일이 되어야 한다. 무엇보다도 한국 사회는 좋은 프로젝트를 만들 수 있는 역량을 지속적으로 갖추어 나가야 한다. 일반 시민에서 건축주까지 건축이 왜 중요한지, 좋은 건축이 어떤 역할을 할 수 있는지를 인식하고 직접 경험해야 한다. 그러기 위해서는 사업의 크기만큼 생각의 크기가 있어야 한다. 바로 한국 건축이 큰 생각을 가져야 하는 것이다. 우리는 오랫동안 소위 선진국이 주도하는 세계의 변방에서 이들의 발전된 기술과 사회제도, 정치와 문화, 학문과 이론에 기대어 우리의 과거, 현재 그리고 미래를 가늠하였다. 세계 건축계는 여전히 서양과 일본의 건축가와 건축 조직들이 지배하고 있는 것은 사실이며, 세계가 주목하는 중요한 프로젝트들을 몇몇 스타 건축가와 대형 설계사들이 독점하는 현상이 지속되고 있다. 하지만 이제는 우리의 목표와 가치를 이들의 기준치에 맞추어 설정하지 않는다. 서구도 이제는 자신의 담론이 전 지구적으로 통용될 수 있다는 사고방식을 버려야 하고 버릴 수밖에 없는 상황이 되었다. 한국의 건축은 세계와 소통을 할 수 있는 동시에 한국의 잣대를 만들어야 한다. 이것은 국수주의와 정반대로 한국의 건축을 세계문명의 맥락 속에서 그 입지를 구축하려는 것이다. 건축을 지식산업, 문화산업으로 키워나가기 위해서는 그 제도 기반과 지식 기반을 다져나가야 한다. 그런 면에서 건축가의 위상과 역할을 재정의하는 제도의 정비, 건축 박물관과 건축 아카이브의 설립, 지속적인 교육체제의 개선, 건축영역의 확장과 다변화가 거론되고 추진되고 있다는 것은 지당한 일이고 고무적인 일이다. 문화적 자산으로서 건축을 만들어가는 일은 소통과 시간이 필요하다. 지성과 실천력, 용기와 상상력이 필요한 일이다.

II

주거 및 도시 환경

2000 2001 2002
2003 2004 2005
2006 2007 2008
2009

|1장| 신도시 · 뉴타운[1]

류중석 | 중앙대학교 도시공학과 교수

1. 2000년대의 도시 분야 정책개관

지난 세기를 IMF 구제금융이라는 어두운 경제 여건으로 마감하고 새로운 기대 속에 맞이한 2000년대는 한국 국민들에게 경제회복의 기대감을 가지게 한 시기였다. 2003년 출범한 참여정부(2003.2.25~2008.2.24)는 3대 국정목표의 하나로 '더불어 사는 균형발전 사회건설'을 내걸고 본격적인 국토균형발전정책을 추진하였다. 이 정책으로 인하여 국가 차원에서는 행정중심복합도시(세종시), 기업도시, 혁신도시 등이 건설되었다.

한편 서울특별시는 강남 · 강북의 지역격차를 해소하기 위해 강북 지역 노후불량주택지를 계획적으로 정비하는 뉴타운사업과 도시구조를 다핵화하기 위한 균형발전촉진사업을 도입하여 이른바 서울특별시 뉴타운

---

[1] 신도시와 뉴타운(new town)은 사실상 같은 용어이나 한국에서는 관용적으로 다른 의미로 사용되고 있다. 여기서는 관용적으로 쓰이는 개념을 받아들여 국가차원에서 추진한 신도시는 그냥 "신도시"로 사용하고, 서울특별시 및 경기도에서 추진하고 있는 노후불량주택지 정비사업을 "뉴타운"으로 칭하기로 한다.

사업을 추진하였다. 이러한 뉴타운 · 신도시는 삶의 질 개선과 저소득층의
주거안정이라는 정책목표를 추구하였으나 성급한 사업추진과 과다한 지
구지정, 기성주거지의 고층고밀화, 원주민 재정착 등의 문제를 낳았다.

2000년대 후반에 들어선 이명박 정부(2008.2.25~2013.2.24)는 국제적으로
이슈화되고 있는 저탄소 녹색성장을 본격적으로 선도하기 위한 다양한 정
책을 수립 · 추진하고 있다. 이러한 정책추진으로 이전의 뉴타운 · 신도시
열풍이 잠잠해지면서 한편으로는 미래도시를 선도하기 위한 기술개발인
도시재생(urban regeneration), 유비쿼터스(ubiquitous) 도시에 대한 연구개발이
시작되었다. 또 양적인 도시개발에서 질적인 도시개발로의 패러다임 전환
이 이루어져 도시경관, 공공디자인 등 도시미관에 대한 관심이 높아지고
이를 뒷받침하기 위한 경관법 제정 등 법 · 제도적인 정비가 이루어졌다.

2. 2000년대의 도시 관련 정책

2.1 제4차 국토종합계획(2000~2020)

1990년대를 주도하던 제3차 국토종합개발계획(1992~1999)에서 제시된 "국
토의 균형발전"이라는 대명제를 발전적으로 이어받아 제4차 국토종합계
획[2](2000~2020)에서는 균형국토, 녹색국토, 개방국토, 통일국토 등 4가지의
기본목표를 설정하고 이를 실천하기 위한 5대 전략을 수립하였다. 그러나
참여정부의 등장으로 인한 새로운 국가경영 패러다임을 반영하기 위한 수

---

2 2000년대의 특징 중 하나로 과거 개발위주의 패러다임이 환경보전과 지속가능한 개발로 바뀜에 따라 각종
명칭에서 "개발"이라는 단어가 점차 사라져가는 현상이 나타났다. 예를 들어 "국토종합개발계획"은 "국토종
합계획"으로, "국토개발연구원"은 "국토연구원"으로 명칭이 바뀌었다.

정이 불가피하게 되어 제4차 국토종합계획 수정계획(2006~2020)이 수립되었다.

이 수정계획에서는 행정중심복합도시 건설, 자유무역협정(FTA) 체결, 남북한 교류협력의 진전 등 참여정부의 변화된 정책을 반영하여 기존의 '4대 목표, 5대 전략'이 '5대 목표, 6대 전략'으로 수정·개편되었다. 목표에서는 기존의 4대 목표에 삶의 질을 중시한 "복지국토"를 추가하였으며, 6대 전략으로는 자립형 지역발전기반 구축, 동북아시대 국토경영과 통일기반조성, 네트워크형 인프라 구축, 아름답고 인간적인 정주환경 조성, 지속가능한 국토 및 자원관리, 분권형 국토계획 및 집행체계 구축 등이 제시되었다.

제3차 국토종합개발계획과 비교해 볼 때 제4차 국토종합계획에서는 우리 국토의 역할을 대외적으로는 동북아시아라는 큰 틀에서 바라 본 개방형 국토발전축을 설정했다는 점과 대내적으로는 다핵연계형 국토체계를 구축하였다는 점에서 큰 차이를 보이고 있다.

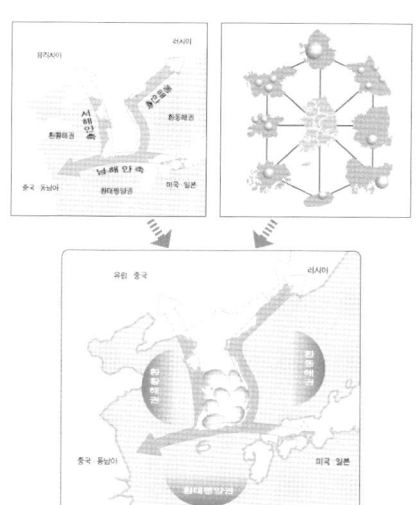

제4차 국토종합계획의 개방형 국토발전축 형성과 다핵연계형 국토체계 구축
자료 : 대한민국정부, 『제4차 국토종합계획 수정계획(2006~2020)』, p.37

2.2 도시계획 관련 법·제도

2000년대에 들어서 도시계획 분야의 가장 큰 변화는 그동안 도시지역을 관할하는 도시계획법과 비도시지역을 관할하는 국토이용관리법으로 구분하여 운영되어 왔던 국토의 공간관리체계가 통합되어 2002년 2월 4일 「국토의 계획 및 이용에 관한 법률」(이하 "국토계획법"으로 약칭함)이 제정된 것을 들 수 있다. 국토계획법 제정의 의미는 첫째로 전 국토를 대상으로 단일화된 계획체계를 확립하였다는 점이며, 둘째는 '계획 없이는 개발 없다'는 원칙을 천명한 점이다. 수도권 인구증가에 따른 난개발의 주범으로 지목되었던 국토이용관리법상의 준농림지역이 폐지되고, 전 국토가 도시계획의 영역 안으로 편입됨에 따라서 농·산·어촌 등 도시 이외의 지역에 대해서도 체계적인 계획 및 관리가 가능하게 된 것은 큰 진전이라고 할 수 있다.

또 하나의 큰 변화는 도시설계 제도[3]의 단일화이다. 2000년 7월 도시계획법 개정 시 도입된 지구단위계획 제도는 그동안 도시설계와 상세계획으로 이원화되었던 도시설계 제도를 단일화하여 정비함으로써 도시의 기능과 미관 향상을 효율적으로 추진할 수 있는 계기를 만들었다. 지구단위계획 제도는 도시개발구역, 정비구역 등을 대상으로 하는 제1종 지구단위계획과 계획관리지역, 개발진흥지구 등을 대상으로 하는 제2종 지구단위계획으로 세분화되어 해당 지역의 여건에 적합한 건폐율, 용적률, 높이완화 등의 수단을 통하여 정주환경의 개선에 중요한 역할을 담당하고 있다.

마지막 큰 변화는 2007년에 이루어진 경관법의 제정이다. 급속한 도

---

3 "도시설계"는 학문 영역이면서 제도를 지칭하는 용어이다. 건축법에 의해서 운영되었던 제도로서의 도시설계는 2000년 7월의 도시계획법 개정으로 "지구단위계획"이라는 제도로 명칭이 변경되었으나 학문 영역으로서의 도시설계는 지구단위계획, 도시경관, 공공디자인 등을 포괄하는 의미로 사용된다.

시 확장과 신도시 개발은 그동안 주택의 양적 공급과 함께 주거의 질적인 측면에서도 어느 정도 개선이 이루어졌으나 도시 전체의 경관을 고려한 개발 및 정비가 이루어지지는 못하였다. 지금까지 국내 도시들끼리 경쟁하던 시대에서 국제적인 도시들과 경쟁하는 시대로 접어들게 되자 장기적인 관점에서 경관관리를 통하여 도시의 경쟁력을 강화시킬 필요성이 대두되었다. 이러한 배경 하에 제정된 경관법은 양적팽창 위주의 도시를 질적으로 관리하기 위한 새로운 시도였다. 그러나 입법과정에서 경관계획이 의무적으로 수립해야 하는 계획이 아닌 임의계획으로 제정된 점과 경관관리를 위한 재정확충수단인 경관재단의 설립 등이 보류된 채 입법화되어 경관계획의 실효성에 상당한 의문을 남기고 있다.

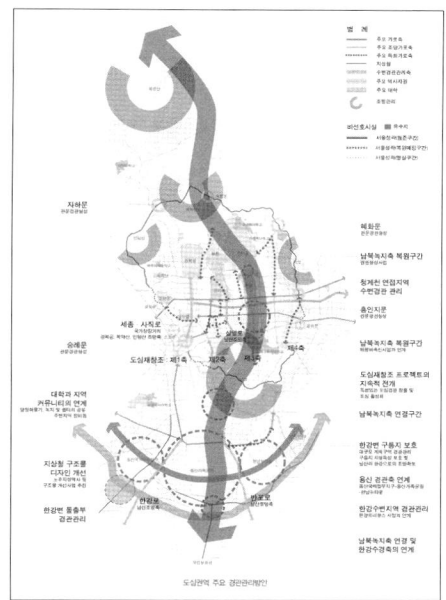

서울특별시 경관기본계획 중 도심권역 주요 경관관리방안
자료 : 서울특별시 홈페이지 http://design.seoul.go.kr

2.3 신도시 · 뉴타운 건설 관련 법 · 제도

2000년대에 계획 · 건설된 많은 신도시와 뉴타운을 지원하기 위해서 다양한 법령이 제정되었다. 도시의 노후화된 불량한 주거지역을 계획적으로 정비하기 위한 법령으로는 2002년 12월 30일에 제정된 「도시 및 주거환경정비법」(이하 "도정법")이 있다. 도정법은 주거환경개선사업, 주택재개발사업, 주택재건축사업 그리고 도시환경정비사업 등에 대한 자세한 절차를 규정하고 있어서 전국적으로 노후주거지역을 정비하는 중요한 수단으로 이용되어 왔다. 그러나 서울특별시 및 경기도의 뉴타운을 추진하는 과정에서 이 법만으로는 효율적 추진이 어려워서 「도시 재정비 촉진을 위한 특별법」(이하 "도촉법")을 제정하게 되었다. 도촉법은 낙후된 지역에 대한 주거환경의 개선, 기반시설의 확충 및 도시기능의 회복을 통하여 도시의 균형있는 발전을 도모하고 국민 삶의 질 향상에 기여할 목적으로 제정되었다.

도정법과 도촉법 이외에도 도시개발사업을 주도하는 「도시개발법」과 민간 기업의 도시개발을 허용하는 「기업도시개발 특별법」이 각각 2000년과 2004년에 제정되었다. 도시개발법에서는 도시개발사업을 활성화하기 위하여 도시개발사업의 추진주체를 공공기관, 정부출연기관, 지방공기업, 부동산 투자회사, 민간법인 등으로 다양화하였다. 또 도시개발에 필요한 토지소유자의 동의율을 사업대상 토지면적의 2/3, 토지소유자의 1/2 이상의 동의를 받는 것으로 과감하게 낮추어 지가상승 및 분양가 상한제 등으로 지지부진하던 민간의 주택건설경기를 활성화 하려고 하였다. 마지막으로 기업도시개발 특별법은 민간기업이 주도적으로 도시를 개발할 수 있도록 허용한 법으로 산업, 연구, 관광, 레저 분야에 있어서 민간기업의 자본과 창의성을 활용하여 자족적인 도시를 건설하는 것을 목표로 하였다. 그러나 도시개발에 따른 막대한 이윤을 소수의 대규모 민간기업이 가져가는 것이 대기업에 대한 특혜라는 인식이 확산되었고, 민간기업에 도시를 개발하기 위한 토지수용권을 부여할 경우 세입자를 비롯한 저소득층의 주거기본권이 침해될 수 있다는 우려가 제기되었다. 실제로 계획이 수립된 기업도시의 대부분이 원래 취지인 자족도시 건설과는 동떨어진 아파트 단지와 골프장을 위주로 하고 있어서 공익성보다 이윤을 중요시하는 민간기업의 폐단이 나타나기도 하였다.

2.4 총괄건축가(MA) 및 총괄계획가(MP) 제도

총괄건축가(MA; Master Architect) 제도는 프랑스에서 활용되는 지구건축가 제도를 일본의 주택도시정비공간에서 도입하여 활용하였던 제도이다. 총괄건축가 역할을 담당하는 도시설계가 또는 건축가가 대단위 개발사업의 내용 전반에 관한 사항을 위임받아 이를 블록 또는 건축물 단위의 설계자와 협의하여 설계내용을 조정하는 제도를 말한다. 우리나라에서 시행되고 있는 총괄건축가 방식의 직접적인 모델은 일본의 타마(多摩) 뉴타운 벨콜린(Belle-Colline) 미나미오사와(南大澤) 주거단지로 알려져 있다[4]. 총괄건축가 제도를 도입하게 된 계기는 1990년대 후반에 신시가지 계획을 수립하던 엔지니어링 회사의 작업내용에 대한 일관성 있는 검토의 필요성 때문이었다. 1999년 11월에 택지개발계획이 승인된 용인신갈 새천년 기념단지를 포함

---

4 박철수(2002), 서수정·조성학(2003) 참조

하여 수도권의 주거단지계획에 도입되기 시작하여 현상설계 당선자를 총
괄건축가로 임명하여 당선안의 기본취지가 실시설계에 반영되도록 하는
방식으로 보편화되고 있다.

총괄계획가(MP; Master Planner) 제도는 도시재정비 촉진에 관한 특별법
제9조 4항에 "시·도지사 또는 대도시 시장은 대통령령으로 정하는 바에
따라 재정비촉진계획 수립의 모든 과정을 총괄 진행·조정하기 위하여 도
시계획·도시설계·건축 등 분야의 전문가를 총괄계획가로 위촉할 수 있
다"는 조항에 근거하여 제도화되었다. 동법 시행령에는 총괄계획가에게
전문가 활용, 재정비촉진계획 수립에 필요한 사항의 요청 등 권한과 함께
계획 변경 시 계획수립권자에게 의견제시, 해당 계획이 법적 계획으로 수
립될 수 있게 모든 노력을 다하도록 책임을 부여하고 있다.

총괄계획가 제도가 도입되자 서울특별시와 경기도에서 추진하는 대부
분의 뉴타운 사업지구에 저명한 대학교수 또는 실무계획가들이 총괄계획
가로 임명되었고, 총괄계획가 전체회의 등이 개최되어 사업지구별로 뉴타
운 추진과 관련한 애로사항을 토의하고 제도개선을 위한 의견수렴이 이루
어졌다. 총괄계획가, 건축·조경·교통·도시개발 등 분야별 자문계획가,
관계 공무원, 계획수립을 담당하는 용역사 등 관계자로 구성된 총괄계획
팀은 일반적으로 1년 이상의 기간에 걸쳐 관련 계획을 수립하고 주민의견
수렴 및 관계기관 의견청취 등의 과정을 거쳐 계획안을 확정하였다. 일부
사업지구에서는 시민대표자를 총괄계획팀에 포함시켜 주민참여형 계획수
립을 시도하기도 하였다.

　　지금까지 저명한 건축가나 도시계획가 1인이 주도적으로 주거단지나 도시계획을 주도하는 시대에서 총괄건축가 및 총괄계획가 제도는 다수의 건축가 및 도시계획가들의 협업시스템으로 전환하여 획일적인 설계안에서 탈피하여 다양하면서도 통일성 있는 방식으로 진행할 수 있는 기반을 마련했다는 평가를 받고 있다.

2.5 건축 관련 국가위원회 및 정부출연 연구기관 설치

노무현 정부는 2005년 말 대통령 직속으로 건설기술 · 건축문화선진화위원회를 설치하고 당시 3D(Dirty, Dangerous, Difficult) 산업으로 인식되던 건설산업을 3C(Creative, Credible, Competitive) 산업으로 전환하고자 하였다. 이 위원회는 정부위원 11명과 민간위원 14명 등 25명의 위원으로 구성되어 이명박 정부로 바뀔 때까지 건설생산체계의 개선, 건축 관련 불합리한 법령 정비, 건축기본법 및 경관법의 제정, 건축도시공간연구소 설립, 공공선도 프로젝트 시행 등 다양한 활동을 하였다. 당시 제정된 건축기본법에 의거하여 이명박 정부 하에서 2008년 12월 대통령직속 국가건축정책위원회가 출범하여 오늘에 이르고 있다. 국가건축정책위원회는 건축분야의 주요정책을 심의하고 관계부처의 건축정책을 조정하는 업무를 수행할 목적으로 설립되었으며, 건축정책기본계획의 수립, 건축행정의 개선, 건축문화행사의 추진, 건축디자인 기준의 설정 등의 기능을 수행하고 있다.

　　건축도시공간연구소(AURI; Architecture and Urban Research Institute)는 국내 유일의 건축도시공간 관련 국책연구기관으로 2007년 6월 15일 국토연구원

부설로 설치되었다. 국토연구원이 국토의 공간 관련 정책연구의 싱크탱크라면 건축도시공간연구소는 건축, 도시, 조경 분야를 아우르는 명실상부한 디자인 정책의 싱크탱크라 할 수 있다. 주로 공공부문에서의 디자인 품격향상, 국가차원의 건축도시 디자인 역량강화, 국가 및 지방자치단체의 공간디자인 관련 정책수립과 관련 산업의 경쟁력 강화를 위한 지원연구 등을 수행하고 있다. 건축도시공간연구소의 설치로 공간 관련 정책(국토연구원), 공간계획 및 설계(건축도시공간연구소), 공간기술개발(건설기술연구원)의 상호보완적이면서 특화된 연구개발 체계가 완성되었다.

3. 2000년대 신도시 · 뉴타운 관련 중요 이슈

3.1 행정중심복합도시 건설

노무현 대통령이 후보시절인 2002년 9월에 선거공약으로 제시한 수도이전 정책은 그동안 많은 폐단이 지적되었던 수도권 집중을 억제하고 낙후된 지역경제를 활성화하기 위한 국토균형발전 정책의 하나로 등장하였다. 노무현 후보의 대통령 당선과 함께 수도이전 공약을 실천하기 위한 조직인 신행정수도건설기획단이 발족되었고, 2004년 1월에는 「신행정수도의 건설을 위한 특별조치법」이 공포되었으며, 2004년 8월에는 신행정수도의 입지가 연기 · 공주 지역으로 확정되었다. 그러나 수도 이전을 반대하는 측에서 제기한 「신행정수도건설을 위한 특별조치법」에 대한 위헌심판 청구에 대하여 헌법재판소는 2004년 10월 21일 위헌 결정을 내렸다. 이 결정으로 인하여 노무현 정부는 후속 대책위원회를 발족하여 '신행정수도 건설'을 청와대를 제외한 행정 부처를 옮기는 '행정중심복합도시 건설'(나중에 "세종시"로 명명됨)로 변경하게 된다. 2005년 3월 18일에 「신행정수도 후속대책을 위한 연기·공주 지역 행정중심복합도시 건설을 위한 특별법」이 제정되어 중앙행정기관 16개 기관(9부, 2처, 2청, 1실, 2위원회)을 비롯하여 20개 소속기관 등 총 36개 기관이 이전할 계획이다.

행정중심복합도시의 계획안을 확정하기 위하여 우선 도시개념에 대한 국제공모전을 열어 전 세계 25개국에서 출품된 121개 작품을 심사하여 5개 작품을 공동 당선작[5]으로 선정하였으며, 당선작의 개념을 반영하여 가운데를 비운 원형의 도시로 계획하였다. 이 국제공모전에 이어 중심행정타운 국제공모전, 중앙녹지공간 국제공모전, 첫 마을 주거단지 국제공모전 등 다양한 국제공모전이 개최되어 전 세계 건축, 도시, 조경분야 전문가들의 관심을 끌었다. 그러나 너무 많은 국제공모전이 짧은 기간 안에 개최되어 국제공모전 남발이라는 비판적인 시각도 있었다.

행정중심복합도시를 추진하는 과정에서 우리 사회에는 상당한 국론의 분열과 대립이 있었다. 수도이전에 대한 위헌소송에서 드러났듯이 "서울이 수도"라는 관습헌법과 성문헌법의 충돌, 수도 기능의 이전을 통하여 골고루 잘 사는 국가를 건설해야 한다는 국가균형발전론과 수도의 기능을 강화하여 세계도시들과 경쟁에서 이겨야 한다는 수도경쟁력강화론의 충돌이 그것이다. 이러한 국론의 분열은 크게 보면 효율성과 형평성에 대한

---

5 일반적인 공모전에서는 당선작을 1편 선정하여 실시계획 및 실시설계를 하지만, 이 공모전은 행정중심복합도시의 도시개념 및 도시구조에 대한 아이디어 공모전이라는 성격 때문에 5개 작품을 공동 당선작으로 선정하였다. 당선작으로는 피에르 아우렐리(이탈리아), 장피엘 뒤리그(스위스), 김영준(한국), 안드레스 페레아 오르테가(스페인), 송복섭(한국) 등 5명의 작품이 선정되었다.

철학적 차원의 문제이지만, 정권이 바뀌면서 국가의 중요한 정책이 흔들리는 좋지 않은 선례를 남겼다.

3.2 서울특별시 및 경기도 뉴타운

뉴타운사업에서 쓰이는 '뉴타운'이라는 용어는 엄밀한 의미에서 자족적 기능을 갖춘 독립된 신도시(new town)라기보다는 도심지의 노후지역을 재개발·재건축하는 도시재생사업의 별칭으로 일반국민들이 이해하기 쉬우면서도 주택분양을 용이하게 하려는 의도가 담겨 있는 용어이다. 서울특별시의 뉴타운사업은 강남과 강북 간의 지역격차를 해소하기 위한 지역균형발전정책의 일환으로 추진되었다. 이명박 시장은 시장취임 직후인 2002년 7월에 지역균형발전추진단을 설치하고, 강북 지역의 노후주거지를 정비하기 위한 뉴타운개발사업을 발표하면서 본격적인 서울특별시 뉴타운사업을 추진하였다.

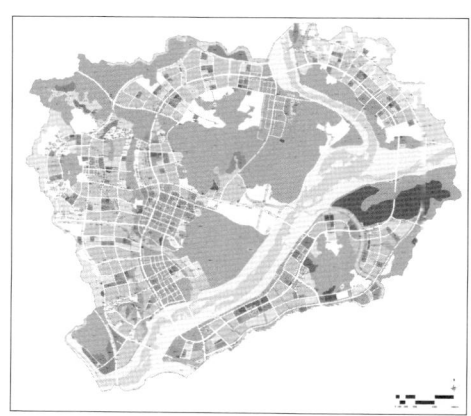

행정중심복합도시 개발계획 평면도
자료 : 행정중심복합도시건설청, http://www.macc.go.kr

초기의 서울특별시 뉴타운은 관련 법령이 미비하여 서울특별시 조례 (지역균형발전지원에 관한 조례)에 근거를 두고 추진되었다. 그러나 광역인프라 건설 등 중앙정부의 지원이 필요한 사항이 대두되어 지방자치단체의 조례 만으로 추진하기에는 상당한 한계점이 드러나 「뉴타운 특별법」제정을 정부에 건의하였으며, 결국 2005년 12월 말에 「도시재정비 촉진을 위한 특별법」이 제정됨으로써 결실을 맺게 되었다.

서울특별시 뉴타운은 크게 신시가지형, 주거중심형, 도심형 세 가지 종류로 대별되는데, 시범뉴타운을 각 유형별로 1개소씩 지정하여 시범적으로 운영한 후, 문제점을 보완하여 이를 확대 적용하는 방식으로 추진되었다. 2002년 10월에 시범뉴타운 3개소 지정을 필두로 하여 이듬해에 2차 뉴타운 12개 지구가 지정되었고, 2005년 말부터 2007년 초까지 3차 뉴타운 11개 지구가 지정되어 총 26개 지구에서 뉴타운사업이 진행되고 있다.

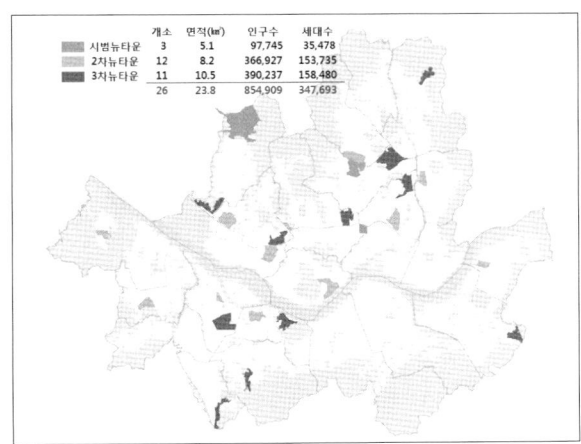

	개소	면적(㎢)	인구수	세대수
시범뉴타운	3	5.1	97,745	35,478
2차뉴타운	12	8.2	366,927	153,735
3차뉴타운	11	10.5	390,237	158,480
	26	23.8	854,909	347,693

서울특별시 뉴타운사업지구 분포도
자료 : 서울시정개발연구원, 서울시 뉴타운사업의 추진실태와 개선과제, 2008, p.21]

〈표 1〉 서울특별시 뉴타운 지정현황

구분	지구	위치	비고
시범뉴타운 (2002년 10월23일)	은평구 은평 지구	진관내 · 외동, 구파발 일원	신시가지형
	성북구 길음 지구	길음동 624 일원	주거중심형
	성동구 왕십리 지구	성동구 왕십리동 40번지 일대	도심형
2차 뉴타운 (2003년 11월18일)	종로구	평동 164 일대	도심형
	용산구	이태원 · 한남 · 보광동	주거중심형
	동대문구 전농 · 답십리 지구	전농동 400, 답십리동 일대	주거중심형
	중랑구	중화동 312 일대	주거중심형
	강북구 미아 지구	미아동 1268 일대	주거중심형
	서대문구	남가좌 248 일대	주거중심형
	마포구	아현 2 · 3동, 염리 · 공덕동 일대	주거중심형
	양천구 신정 지구	신정 3동 1162 일대	주거중심형
	강서구	방화동 609 일대	주거중심형
	영등포구	영등포동 5 · 7가 일대	도심형
	동작구	노량진동 270 일대	주거중심형
	강동구	천호동 362 일대	주거중심형
3차 뉴타운 (2005년 12월16일,29일, 2006년1월26일, 2007년4월30)	동대문구 이문휘경 지구	이문동, 휘경동 일원	주거중심형
	성북구(노원구) 장위 지구	장위동 68-8 일대 (노원구 월계동 50-1 주변 포함)	주거중심형
	노원구 상계 지구	상계 3 · 4동 일대	주거중심형
	은평구 수색증산 지구	수색동 160 일대	주거중심형
	서대문구 북아현 지구	북아현동 170 일대	주거중심형
	금천구 시흥 지구	시흥동 966 일대	주거중심형
	영등포구 신길 지구	신길동 236 일대	주거중심형
	동작구 흑석 지구	흑석동 84-10 일대	주거중심형
	관악구 신림 지구	신림동 1514 일대	주거중심형
	송파구 거여마천 지구	거여동 202 일대	주거중심형
	창신 · 숭인 지구	창신 · 숭인동 일대	주거중심형

자료 : 서울특별시 주택정책실 홈페이지 http://housing.seoul.go.kr

경기도는 서울특별시가 3차 뉴타운 지정을 끝내갈 무렵인 2007년 3월 부천시 소사, 원미, 고강 지구에 대한 지구지정을 필두로 뉴타운사업을 시작하였다. 경기도는 서울특별시에서 구분한 세 가지 유형 중 도심형과 신시가지형을 구분하지 않고 중심지형으로 통합하여 주거지형과 중심지형의 두 가지 유형으로 지구를 지정하였다. 〈표 2〉에서 보는 바와 같이 초기에는 12개 시에 걸쳐 23개 지구가 지정되었으나 뉴타운 개발에 찬성하는 주민들과 반대하는 주민들 간의 의견대립이 심해져 3년 내에 수립하게 되어 있는 재정비촉진계획을 수립하지 못한 지구와 주민투표 결과 반대의견이 많은 지구 등에서 지구지정이 취소되어 2011년 말 현재 10개 시 17개 지구에서 뉴타운이 추진되고 있다(〈경기도 뉴타운사업 현황도〉 참조).

서울특별시 및 경기도 뉴타운 추진 과정에 있어서 가장 큰 쟁점 사항은 주민재정착의 문제이다. 뉴타운사업으로 인하여 토지소유자 및 건물소유자는 자산가치의 상승을 기대할 수 있지만, 세입자의 경우 기존의 전월세 금액으로 비슷한 면적의 주택을 임대하기가 어렵기 때문에 결과적으로 뉴타운에서 재정착하기가 어렵게 된다. 이러한 문제점 때문에 시민단체에서는 뉴타운사업이 원주민을 내쫓는 사업이라고 규정하고 세입자 대책을 제대로 수립할 것을 요구하고 있다. 주민재정착률과 관련하여 또 다른 문제점은 서울특별시의 26개 지구, 경기도의 23개 지구 등 49개 지구에서 짧은 기간 안에 뉴타운이 개발되는 상황이므로 주변지역에 뉴타운 개발로 인한 이주민을 수용할만한 전·월세 물량을 충분하게 확보하기가 어려워 전·월세 대란이 야기될 우려가 있다는 점이다.

〈표 2〉 경기도 뉴타운 지정 현황

구분		면적(㎡)	유형	지구지정
고 양	원당	1,306,140	주거지형·	07.09.10
	능곡	843,817	주거지형	07.11.05
	일산	612,885	주거지형	07.12.31
부 천	소사	2,497,432	주거지형	07.03.12
	원미	1,915,133	중심지형	07.03.12
	고강	1,745,378	주거지형	07.03.12
안 양	만안	1,834,240	주거지형	08.04.07
남양주	덕소	670,559	주거지형	07.11.26
	지금 · 도농	587,569	중심지형	08.06.02
	퇴계원	1,106,943	주거지형	09.04.30
의정부	금의	1,010,120	주거지형	08.04.07
	가능	1,328,527	주거지형	08.04.07
평 택	신장	1,176,137	주거지형	08.05.07
	안정	500,412	주거지형	08.05.07
시흥	은행	610,880	주거지형	08.05.07
	대야 · 신천	1,173,263	주거지형	09.07.14
광 명	광명	2,281,110	주거지형	07.07.30
군 포	군포	812,088	중심지형	08.07.08
	금정	865,000	주거지형	07.09.10
김 포	김포	2,008,453	주거지형	09.01.16
	양곡	386,700	주거지형	09.04.09
구 리	인창 · 수택	2,072,770	주거지형	07.06.04
오 산	오산	2,986,472	주거지형	09.01.02

자료 : '변창흠, 『경기도, 뉴타운사업 추진현황과 추진실적 · 문제점 · 향후대책』, 경기도의회, 2011'에서 재인용

　이러한 문제 때문에 시민단체와 언론에서는 뉴타운사업으로 인한 주
민재정착률에 관심을 가지게 되었다. 뉴타운사업에서의 주민재정착률은
전체 주민 중 재정착한 주민의 비율로 정의되는데, 재정착을 원하는 주민
들만 분모로 볼 것인가 아니면 전체 주민을 분모로 볼 것인가에 따라 재정
착률이 상당히 차이가 나게 된다. 2009년 12월 말에 경기도는 이러한 문
제에 대한 해결책으로 '경기 뉴타운 주거안정 대책'을 발표하면서 정확한
이주수요를 예측하여 주변의 공공국민임대주택과 보금자리주택 그리고
다가구 매입임대주택 등을 활용한 순환형 정비방식을 제안하였다. 또한
재정착률의 문제점을 보완한 주거안정지수를 개발하여 경기도 뉴타운사
업의 정책목표를 '재정착률'이 아니라 1인당 주거면적의 변화 및 주거비
부담수준의 변화 등이 감안된 종합적 측정기준인 '주거안정지수'를 개발

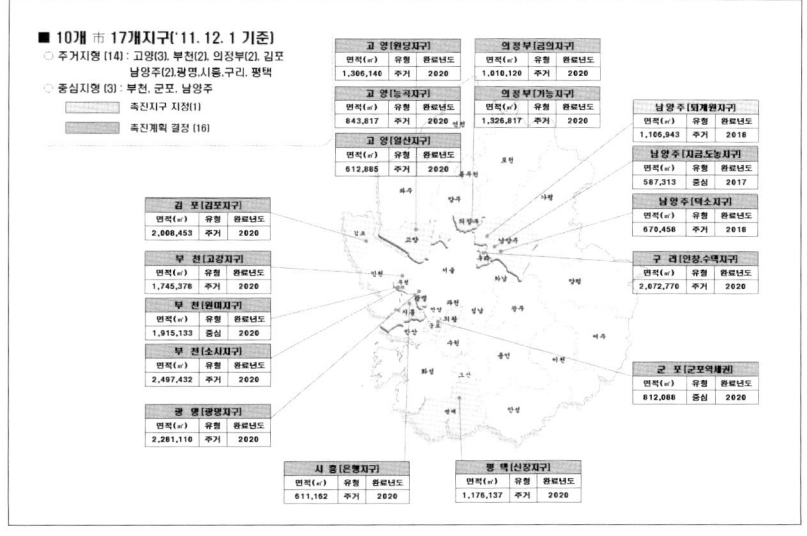

경기도 뉴타운사업 현황도
자료: http://www.giconewtown.co.kr

하여 원주민을 지원하는 정책을 제시하였다.

　주민재정착 문제와 함께 전문가들이 지적한 문제점은 서울특별시나 경기도 차원에서 공간구조 재편을 위한 큰 그림이 없었다는 점이다. 개별 사업지구는 상당한 기간[6]에 걸쳐 총괄계획가의 주도하에 다양한 전문가와 시민, 공무원들이 참여하여 계획안을 수립하였지만, 수도권의 공간구조와 생활권이 급격하게 바뀔 수 있는 동시다발적인 뉴타운 계획안이 미칠 영향에 대한 충분한 검토와 이에 따른 대책이 미흡했다는 것이다.

3.3 혁신도시, 기업도시

국가균형발전 정책은 수도권의 과다한 집중을 억제하는 정책과 지방도시의 역량을 강화하는 정책의 두 방향으로 전개되었다. 전자는 행정중심복합도시의 건설로, 후자는 혁신도시 및 기업도시 건설로 구체화되었다. 「국가균형발전특별법」(2004.1.16 제정) 제18조에 규정된 '공공기관의 지방이전' 조항에 의하여 수도권의 공공기관 중 대통령령으로 정하는 기관[7]을 수도권 이외의 지역으로 이전함으로써 지방도시를 지역성장의 거점도시로 탈바꿈시키려 하였다. 2007년 1월에는 특별법(공공기관 지방 이전에 따른 혁신도시 건설 및 지원에 관한 특별법)을 제정하여 혁신도시 건설에 따른 다양한 행·재정적 지원의 근거를 갖추었다.

---

6 경기도 뉴타운의 경우 대개 1년에서 1년 반 정도의 기간 동안 50회 이상의 총괄계획가 회의를 거쳐 계획안이 확정되었다.

7 공사(한국토지주택공사 등), 공단(한국산업단지공단 등), 정부출연 연구기관(국토연구원 등), 정부산하 위원회(영화진흥위원회 등)를 포함한 147개 기관이 유사한 기능을 집단화하여 전국 10개 혁신도시와 세종시로 이전하도록 하였다. (혁신도시 113개 + 개별이전 18개 + 세종시 16개)

혁신도시의 입지는 균형발전의 취지를 살려 각 도에 골고루 분포하도록 10개소를 지정하였으며(〈혁신도시 및 기업도시의 위치도〉 참조), 부산은 금융 · 영상산업, 전주 · 완주는 농업 및 생명산업, 제주 서귀포는 국제교류 · 관광 · 연수산업 등 해당 지역의 잠재력과 가능성을 극대화하는 기능을 부여하였다. 혁신도시의 입지유형을 살펴보면 전국 10개 혁신도시 중에서 광주 · 전남 혁신도시와 충북 혁신도시 등 2개소만이 모도시와 어느 정도 떨어진 곳에 건설되는 신도시형[8]이고, 나머지 8개 혁신도시는 모도시 내에 입지하거나 모도시와 인접하여 건설하도록 계획되어 있다. 혁신도시가 모도시와 가깝게 입지할 경우 모도시의 도시기반시설을 공동으로 활용할 수 있어서 건설비용 절감 등의 장점이 있다. 그러나 쇠퇴해가는 지방도시의 한정된 재원과 인력을 혁신도시가 흡입함으로써 오히려 기존 도시의 공동화를 부채질할 우려도 있다.

혁신도시의 성공은 결국 해당 지역의 혁신 역량에 좌우된다는 견해가 지배적이다. 이전하는 공공기관의 역할에만 매달리지 말고 지역대학 및 연구소의 우수한 인적자원과 지역의 산업 그리고 이전하는 공공기관의 기능이 시너지 효과를 발휘해야 성공할 수 있다. 그러나 일부 지역 거점대학 및 연구소의 연구 역량과 지역산업의 기술 역량 그리고 도시기반시설의 지원 역량 등이 미흡할 경우 혁신도시가 아닌 일반적인 신도시 개발과 별 차이가 없게 될 가능성도 있다.

---

8 혁신도시의 유형 구분은 최봉문 외 3인(2007)의 문헌을 따랐다. 이 문헌에서는 혁신도시의 유형을 모도시 내 입지형, 모도시 확장형, 모도시 인접형, 신도시형 등 4개로 구분하고 있다.

　기업도시는 그동안의 신도시개발이 주로 공공기관의 주도하에 주거기
능 위주로 개발됨에 따라 제기된 자족성 결여 문제를 해결하고 민간기업
의 창의성을 활용한 자족형 복합도시를 만들자는 의도에서 탄생하였다.
기업도시의 모델이 된 미국의 실리콘 밸리(Silicon Valley), 프랑스의 소피아
앙티폴리스(Sophia Antipolis), 일본의 도요타(豊田) 시 등은 특정 분야의 대기
업과 협력업체들이 한 도시 내에 생산시설을 갖추고 협업관계를 유지하면
서 경쟁력 있는 자족도시를 만든 사례이다. 우리나라의 기업도시는 2003
년 10월에 전국경제인연합회가 기업도시개발을 제안하자 정부는 건설교
통부에 기업도시과를 신설하고 2004년 12월「기업도시개발 특별법」을 제
정함으로써 본격적인 기업도시개발이 시작되었다. 정부는 기업도시의 유
형을 제조업과 교역 위주의 산업교역형, 연구개발 위주의 지식기반형, 관
광 · 레저 · 문화기능을 중심으로 한 관광 · 레저형 등 세 개의 유형으로 구
분하여 추진하고 있다. 2007년 10월에 태안기업도시 착공을 필두로 하여

←　혁신도시 위치도
→　기업도시 위치도
자료 : 국토해양부 혁신도시 및 기업도시 추진단

전국에서 6개 시범 기업도시((〈혁신도시 및 기업도시의 위치도〉 참조)가 추진되다가 부동산 경기침체와 사업 주체의 재원조달 미진으로 무주기업도시의 지정이 취소되어 현재 5개 시범기업도시 건설이 진행 중이다.

정부는 기업도시를 장려하기 위해서 토지수용권 부여, 자금조달 지원, 각종 조세 및 부담금 감면 지원, 간선시설 비용지원 등 다양한 지원방안을 내놓았다. 그러나 공공성이 의문시되는 개발사업에 개인 사유재산권을 침해할 수 있는 토지수용권을 부여하는 것은 너무 지나치다는 논란을 불러일으켰고, 개발이익을 환수할 수 있는 장치가 미흡하여 재벌기업들에게 개발이익을 경쟁 없이 독점적으로 가져가도록 했다는 비판에 직면하였다. 이러한 논란을 잠재우기 위하여 건설교통부는 개발이익을 투명하고 공정한 방법으로 환수하기 위한 '기업도시 개발이익 산정기준'(2005.12.30)을 제정하였다.

3.4 보금자리주택

보금자리주택은 2009년 8월 15일 대통령의 광복절 경축사에서 "집 없는 서민들을 위한 획기적인 주택정책을 강구 한다"는 발표가 있은 후, 2003년에 제정된 「국민임대주택건설 등에 관한 특별법」을 「보금자리주택 건설

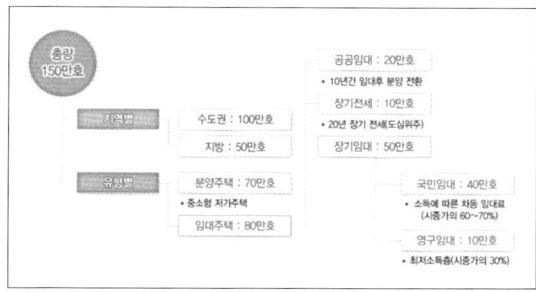

보금자리주택의 추진계획
자료 : http://portal.newplus.go.kr

등에 관한 특별법」으로 전면개정하면서 시작된 이명박 정부의 서민주택건설 정책을 대표하는 브랜드이다. 법적으로 보금자리주택은 국가, 지방자치단체, 공공기관 등이 건설하는 국민주택규모 이하의 분양주택과 임대주택을 말하며, 국민주택기금을 사용할 수 있고 각종 국세 및 지방세 감면혜택이 주어진다. 정부는 2009년부터 2018년까지 분양주택 70만 가구와 임대주택 80만 가구 등 총 150만 가구의 보금자리주택을 공급한다는 목표 아래 이 정책을 추진하고 있다.

지금까지 추진된 보금자리주택 건설현황을 살펴보면 서울과 경기도 일원에서 총 15개 지구 37,997천m²(1억 1,514만 평)가 보금자리주택 건설지구로 지정되었다. 가장 큰 규모의 지구는 하남미사 지구 165.5만 평, 가장 작은 규모는 서울 서초 지구 11만 평으로 입지에 따라 다양한 규모를 보이고 있다.

보금자리주택은 서민들의 주거안정을 최대 정책목표로 건설하는 주택이므로 교통접근성이 좋은 지역에 저렴한 가격으로 주택을 공급해야 한다. 따라서 도심에 가까우면서도 지가가 상대적으로 저렴한 수도권의 그린벨트 해제지역이나 대도시 주변녹지에 주로 입지하게 되었다. 정부는 보존가치가 낮은 그린벨트 해제지역을 활용하여 저렴하면서도 비교적 도심에 가까운 지역을 보금자리주택 건설 예정지로 활용한다고 발표했지만, 국정감사자료[9] 등에 의하면 2008년 9월 30일 정부가 발표한 '개발제한구역 관리강화방안'[10]을 잘 지키지 않은 것으로 나타났다.

---

9 2009년 10월 환경부 국정감사 자료에서 자유선진당 권선택 의원은 2차 보금자리주택 지구 880만m²의 96%가 그린벨트 해제지역이고, 해제지역에서 제척되어야 할 환경평가 1~2등급지가 다수 포함되어 있다고 밝혔다.

10 이 관리방안의 골자는 보금자리주택 건설을 위해서 기존의 개발제한구역 해제 물량과 상관없이 중앙도시계획위원회의 심의를 거쳐 추가 해제할 수 있도록 하였으며, 해제 가능 지역은 보존가치가 낮은 환경평가 3~5등급지로 하고 면적은 20만m² 이상, 표고 70m 이하의 지역으로 하도록 기준을 강화한 것이다.

일반적으로 보금자리주택의 분양가는 주변 일반분양주택 대비 75~90%선에서 공급되어 교통접근이 뛰어난 노른자위 땅에 저렴하게 임대 또는 분양이 이루어져 황금알을 낳는 거위라는 별칭을 얻었다. 서민 주거안정이라는 정책목표를 달성하기 위하여 시중가격보다 현저하게 낮은 가격으로 분양 또는 임대를 하게 됨에 따라 주거구입 의사를 가진 일반 구매자들이 보다 싼 값에 보금자리주택을 분양받기 위해서 일반분양주택 구

〈표3〉 보금자리주택의 공급현황

구분	지구	면적 (천㎡)	건설 호수	보금자리주택							민간 분양
				계	장기임대		공공임대			공공 분양	
					영구	국민 임대	10년	분납	장기 전세		
1차	소계	8,053	55,041	40,454	2,513	8,685	3,695	3,357	1,767	20,437	14,587
	서울강남	941	6,821	5,572	200	882	396	600	503	2,991	1,249
	서울서초	362	3,390	2,740	100	440	205	230	250	1,515	650
	고양원흥	1,287	8,601	6,393	342	1,255	566	476	385	3,369	2,208
	하남미사	5,463	36,229	25,749	1,871	6,108	2,528	2,051	629	12,562	10,480
2차	소계	8,803	57,323	41,367	2,407	7,233	5,741	3,247	2,882	19,857	15,956
	서울내곡	769	4,355	3,043	134	673	–	–	954	1,282	1,312
	서울세곡2	771	4,450	3,342	182	793	–	–	1,070	1,297	1,108
	부천옥길	1,328	9,357	6,817	538	916	913	924	–	3,526	2,540
	시흥은계	2,011	12,890	9,497	635	1,582	1,552	916	–	4,812	3,393
	구리갈매	1,434	9,639	6,614	390	1,170	1,266	261	500	3,027	3,025
	남양주진건	2,409	16,632	12,054	528	2,099	2,010	1,146	358	5,913	4,578
3차	소계	21,141	122,707	84,074	4,891	15,081	12,496	6,716	5,075	39,815	38,633
	서울항동	676	4,500	3,400	175	1,030	–	–	920	1,275	1,100
	인천구월	841	6,036	4,466	198	842	528	577	–	2,321	1,570
	광명시흥	17,367	95,337	64,620	4,089	10,713	10,134	5,066	3,833	30,785	30,717
	하남감일	1,688	13,034	8,676	429	1,571	1,449	801	322	4,104	4,358
	성남고등	568	3,800	2,912	–	925	385	272	–	1,330	888

자료 : '진미윤, 「국토해양부 및 LH공사 내부자료」, 2010'에서 재인용

매를 미루는 현상이 나타났다. 이러한 현상으로 인하여 보금자리주택은 주택경기 쇠퇴의 주요 원인으로 지목되었다. 보금자리주택 지구 내 일반 분양 물량은 전체 물량의 50% 이내로 제한되어 있지만, 상당한 비율의 주 택이 임대주택이 아닌 일반분양주택으로 개발되어 국민 전체의 공유재산 인 그린벨트를 훼손하면서까지 보금자리주택을 건설해야 하는가 하는 논 란이 일기도 하였다.

3.5 친환경 · 유비쿼터스 도시(U-Eco City)

2000년대 후반에는 부동산 경기침체와 해외 건설시장의 불황으로 건설산 업이 점차 3D 산업으로 인식되는 경향이 나타났다. 경기불황으로 많은 건 설업체와 설계사무소들이 문을 닫게 되자 건설산업의 경쟁력 강화 방안의 하나로 유비쿼터스 도시건설 정책이 제시되었다. 최근 20여 년 간 한국은 전 세계에서 가장 많은 신도시를 건설한 경험을 가진 유일한 국가가 되었 다. 이러한 신도시 건설의 노하우와 함께 IT 강국이라는 장점을 결합하여 첨단도시의 일종인 유비쿼터스 도시건설을 위한 연구개발을 국책연구사 업으로 추진하게 되었다.

초기의 유비쿼터스 관련 기술은 주로 정보통신 분야의 민간기업에서 주도적으로 추진해왔으며 국가차원의 연구개발비 지원이 미흡한 실정이 었다. 이에 건설교통부에서는 2006년에 건설교통산업의 기술경쟁력 확보 를 위하여 '건설교통 R&D 혁신 로드맵'을 발표하였다. 이 로드맵에서는 건설교통산업의 미래비전을 제시하고, 향후 중점적으로 추진할 건설교통

분야의 10대 미래 유망 기술인 VC-10[11] 프로젝트를 선정하였다. VC-10 프로젝트 중에서 도시 분야에는 '친환경·유비쿼터스 도시(U-Eco City)'와 '도시재생(Urban Regeneration)'이 선정되었다.

U-Eco라는 용어는 Ubiquitous와 Ecological의 합성어다. 첨단 IT 기술을 집대성한 유비쿼터스 도시기반시설[12]을 바탕으로 도시관리기술과 생태계순환기능 유지 그리고 에너지 순환 및 자원사용 저감기술을 통해서 인간과 자연이 어우러진 쾌적한 환경을 갖춘 미래형 첨단 친환경 도시를 구축하는 기술을 말한다. 친환경·유비쿼터스 도시건설을 지원하기 위하여 정부는 2006년 「유비쿼터스 도시의 건설 등에 관한 법률」을 제정하여 유비쿼터스 도시계획의 수립, 유비쿼터스 도시위원회의 설치, 유비쿼터스 도시사업협의회 설치 등 유비쿼터스 도시건설을 활성화하기 위한 제도적인 지원근거를 마련하였다.

이와 같은 법·제도적인 지원에 힘입어 2000년대 후반에 계획·건설된 화성동탄, 용인흥덕, 성남판교, 행정중심복합도시(세종시) 등 대부분의 신도시가 U-Eco City를 표방할 정도로 한 시대를 대표하는 상징적인 개념이 되었다. 2005년에 유비쿼터스 도시 구축계획을 확정하고 2008년 말에 구축을 완료한 화성동탄 신도시는 우리나라에서 가장 먼저 완공된 종합적인 유비쿼터스 신도시이다.

---

11 건설교통 분야에서 고부가가치 창출이 가능한 10대 프로젝트를 칭하는 용어이며, VC는 Value Creator의 약자이다. 자기부상열차, 초장대교량, U-Eco City, 도시재생, 초고층복합빌딩 등을 포함한 차세대 10대 프로젝트가 선정되어 연구개발자금을 지원받았다.

12 유비쿼터스 도시기반시설이란 일반적인 도로, 교량, 항만 등의 도시기반시설이 지능화된 시설과 초고속 정보통신망, 광대역 통합정보통신망 그리고 유비쿼터스 도시 통합운영센터 등의 시설을 말한다(「유비쿼터스 도시의 건설 등에 관한 법률」 제2조).

동탄 신도시에서 제공되는 유비쿼터스 서비스로는 대중교통정보, 교통제어, U-Parking, 외부연계 도로교통정보, 불법 주정차 단속, 차량번호인식, 상수도 누수관리, 포탈, 미디어보드, U-플랜카드 등이 있다. 이러한 유비쿼터스 시설설치 및 서비스 제공에 소요되는 비용의 상당 부분은 결국 주민들이 부담해야 하기 때문에 유비쿼터스 서비스를 이용하지 않더라도 해당 신도시에 거주한다는 이유만으로 추가비용을 부담하는 것에 대한 문제점이 제기되고 있다. 친환경 · 유비쿼터스 도시는 우리나라가 가진 신도시 건설 및 IT 기술의 노하우를 접목한 융합기술 분야로서 신도시 개발 수요가 많은 동남아를 비롯한 개발도상국에 수출이 가능한 상품으로 발전시키기 위한 노력을 경주하고 있다.

← 화성동탄 신도시의 유비쿼터스 서비스를 관장하는 도시통합정보센터 전경
→ 미디어보드

4. 2000년대 신도시 · 뉴타운 관련 정책의 성과와 전망

4.1 2000년대의 신도시 · 뉴타운 관련 정책의 종합평가

2000년대는 열린우리당을 중심으로 한 노무현 정부(2003.02.25~2008.02.24)와 한나라당을 중심으로 한 이명박 정부(2008.02.25~2013.02.24)의 상반된 정책으로 인하여 많은 혼돈을 겪었던 시대였다. 노무현 정부는 국가균형발전 정책을 핵심 정책으로 추진하면서 행정중심복합도시, 혁신도시, 기업도시 등 많은 신도시를 개발하였으며 전 국토에 개발의 바람을 불러일으켰다. 이러한 개발사업은 필연적으로 부동산 가격의 급등을 초래하였으며, 주택시장안정 종합대책, 종합부동산세 도입, 개발부담금제도 부활, 부동산 실거래가 신고의무제, 다주택자의 양도소득세 중과 등 강력한 부동산 가격안정 정책을 내놓게 만들었다. 이러한 일련의 정책에 대해서는 찬반양론의 평가가 존재한다. 부동산 거래의 투명성을 제고했다는 점, 사회적 취약계층을 위한 공공임대주택의 확대에 노력한 점 등은 좋은 평가를 받고 있으나 상대적으로 중산층 이상의 주거복지에 대해서는 소홀하였고, 결과적으로 부동산 가격이 급등한 것에 대해서는 부정적인 평가를 받고 있다. 이명박 정부가 들어서면서 추진한 보금자리주택 정책 역시 서민들을 위한 저렴한 주거공급이라는 긍정적인 측면과 시세보다 싼 가격의 주택을 대량 공급함으로써 민간의 건설시장을 왜곡했다는 부정적인 측면이 동시에 존재한다.

서울특별시와 경기도에서 추진된 뉴타운은 국회의원선거 시 후보들이 앞 다투어 해당 지역의 뉴타운 공약을 들고 나올 정도로 민감한 사안이었다. 당시의 시대적 흐름은 '디자인을 통한 도시의 경쟁력 강화'였고 이러한 시대적인 흐름을 따르기 위해서 노후불량주택지를 조속히 정비해야 했다. 그러나 짧은 기간에 대량의 뉴타운을 동시에 추진함으로써 부동산 시장의 동요와 전 · 월세 대란을 가져왔으며, 주민을 내쫓는 뉴타운 정책이라는 비판에 직면하였다.

보금자리주택의 경우는 서민들의 내 집 마련의 꿈을 실현시켜 줄 수 있는 정책으로 환영을 받았으나, 일반분양 비율이 과다하여 개발제한구역 해제의 목적에 부합하지 않는다는 지적도 받았다. 주변의 시세에 비해서 저렴하기 때문에 보금자리주택은 황금알을 낳는 거위로 인식되었고, 주택을 구매하려는 수요자들이 몰려 결과적으로 민간 주택시장을 침체시킨 주요 원인으로 지목되었다. 이러한 문제를 해결하고자 이명박 대통령의 대선공약인 반값 아파트는 초기 주변 시세의 50~70%에 공급되던 보금자리주택의 분양가를 70~90% 수준으로 올려 공급하게 되었다. 2009년에는 이른바 '반값 아파트 법안'인「토지임대부 분양주택 공급촉진을 위한 특별조치법」이 제정되어 토지는 국가나 지자체, 한국토지주택공사 등이 소유하고 주민들은 건물만 소유하고 토지에 대한 임대료를 내도록 하는 새로운 주택 소유의 개념이 실험대에 올랐다.

2000년부터 2009년까지의 10년은 초반과 중반에 행정중심복합도시, 혁신도시, 기업도시 등 전국적으로 신도시 개발의 바람이 불었고, 서울특별시 및 경기도에서 추진된 뉴타운은 총괄계획가제도의 도입 등 새로운 시도를 하였으나 2000년대 후반기에 들어서면서 부동산 경기침체로 인한 수익성 악화와 주민들 간의 대립심화 등으로 추진에 어려움을 겪고 있다. 법·제도적인 측면에서는 그동안 난개발의 주범으로 인식되었던 준농림 지역 등을 없애고 '계획 없이는 개발 없다'는 원칙을 천명한 국토계획법의 제정으로 전 국토에 대해서 일관성 있는 계획수립이 가능했다는 점은 큰 진전이라고 할 수 있다. 또한 경관법 제정을 통하여 도시의 양적 팽창시대를 마감하고 경쟁력 있는 질적 관리의 시대로 변화한 것도 큰 성과로 꼽을 수 있다.

4.2 2010년대를 위한 전망과 제언

이제 우리나라는 대내적으로 인구성장 둔화와 노령화 사회로의 진입이라는 큰 변화를 맞이하고 있어서 앞으로는 1990년대와 2000년대에 보았던 대규모의 신도시·뉴타운 개발은 더 이상 없을 것으로 보는 견해가 지배적이다. 사회적으로 결혼 연령이 높아지고 독신자가 급격히 증가하는 추세, 문화적으로 주택 및 도시의 디자인 요구 수준이 높아지는 추세를 감안할 때 2010년대에는 신도시의 개발보다는 기존 도시를 잘 고치고 보완하여 품격 있는 도시문화를 만들어가는 방향으로의 패러다임 전환이 요구된다.

대외적으로는 기후 변화에 따른 대책으로서의 저탄소 녹색성장 패러다임이 한층 더 강화될 것으로 예상된다. 따라서 기존 도시를 에너지 효율 구조로 변화시키고, 탄소 배출이 적은 녹색도시로 전환하기 위한 기술개발이 필요하다. 여기에 첨단 정보통신기술을 활용한 유비쿼터스 도시를 계획 · 설계하는 기술개발을 통하여 한계에 직면한 국내의 건설산업을 고부가가치 산업으로 전환하고 이를 개발도상국에 수출할 수 있는 상품으로 만드는 것이 필요하다. 이미 1990년대 후반과 2000년대 초반에 이집트, 알제리, 베트남 등의 국가에 신도시 기본계획을 수립하는 원조사업이 한국국제협력단(KOICA)의 주도로 진행되었으며, 후속 조치로 민간기업이 이들 국가에 진출하여 신도시건설사업을 진행하고 있다. 공기업인 한국토지주택공사와 민간기업들은 아제르바이잔, 탄자니아, 나이지리아 등 서남아시아와 아프리카 국가로 사업영역을 확대하고 있다. 이러한 흐름으로 볼 때 향후 10년간 건설 관련 산업의 흥망성쇠는 국내시장보다는 개발도상국가를 중심으로 한 세계시장에서 우리의 신도시건설 노하우(know-how)를 어떻게 잘 적용하여 경쟁력을 확보할 것인가에 달려 있다고 해도 과언이 아닐 것이다.

신도시 · 뉴타운 관련 연대기(2000~2009)

2000.01.28	도시개발법 제정
2000.07.01	도시계획법에 지구단위계획제도 신설
2002.02.04	국토의 계획 및 이용에 관한 법률 제정
2002.10.23	서울특별시 시범 뉴타운 3개소(은평, 왕십리, 길음) 지정
2002.02.20	서울특별시 지역 간 균형발전 지원에 관한 조례 제정
2003.10	전국경제인연합회, 기업도시개발 제안
2003.11.18	서울특별시 2차 뉴타운(12개소) 지정
2003.12.31	국민임대주택건설 등에 관한 특별법 제정
2004.01.16	신행정수도 건설을 위한 특별조치법 제정, 국가균형발전특별법 제정
2004.07.05	신행정수도 입지 최종선정 발표
2004.07.12	신행정수도 건설을 위한 특별조치법 위헌소송 제기
2004.10.21	헌법재판소의 신행정수도 건설을 위한 특별조치법에 대한 위헌 판결
2004.12.31	기업도시개발 특별법 제정
2005.03.18	신행정수도 후속대책을 위한 연기 · 공주 지역 행정중심복합도시 건설을 위한 특별법 제정
2005.07	기업도시 시범사업 지역 선정(무안, 충주, 원주, 무주, 태안, 영암 · 해남)
2005.11.15	행정중심복합도시 도시개념 국제공모전 당선작 발표
2005.12.16	서울특별시 3차 뉴타운(8개소) 지정. 이후 3차 뉴타운 3개소 추가 지정
2005.12.21	건설기술 · 건축문화 선진화 위원회 발족
2005.12.30	도시재정비 촉진을 위한 특별법 제정, '기업도시 개발이익 산정기준' 제정
2006.06.30	건설교통부 '총괄계획가 업무지침' 제정
2007.01.11	공공기관 지방 이전에 따른 혁신도시 건설 및 지원에 관한 특별법 제정
2007.03.12	경기도 뉴타운 부천 소사 · 원미 · 고강 지구 지정. 이후 20개 지구 추가 지정
2007.05.17	경관법 제정
2007.06.15	건축도시공간연구소(AURI) 설립
2007.12.21	건축기본법 제정
2008.02.29	정부조직법 개정으로 건설교통부를 국토해양부로 개편
2008.03.28	유비쿼터스 도시의 건설 등에 관한 법률 제정
2008.12.10	국가건축위원회 발족
2009.03.20	보금자리주택건설 등에 관한 특별법 공포
2009.04.22	토지임대부 분양주택 공급촉진을 위한 특별조치법 제정
2009.05.11	경기도 뉴타운 부천 소사 · 원미지구 촉진계획 결정
2009.08.27	보금자리주택 공급확대 및 공급체계 개편방안 발표
2009.09.30	보금자리주택 시범지구 사전예약 공고
2009.10.07	한국토지공사와 대한주택공사를 통합한 한국토지주택공사(LH공사) 출범
2009.12.03	보금자리주택 2차 6개 지구 발표
2009.12.13	경기도 '뉴타운 주거안정 대책' 발표

참고문헌

- 경기개발연구원,『경기도 뉴타운사업 추진전략』, 위탁연구 2007-11 (연구책임 : 이희정), 2007
- 국토해양부,『보금자리주택 정책개요』, 2009년 11월
- 서울시정개발연구원,『도시재정비 촉진을 위한 특별법 제정에 따른 서울시 뉴타운사업의 발전 방안 연구』, 시정연2006-PR-10, 2006 (연구책임 : 김선웅)
- 서울시정개발연구원,『서울시 뉴타운사업의 추진실태와 개선과제』, 시정연2008-PR-11, 2008 (연구책임 : 장남종, 양재섭)
- 서울특별시 균형발전본부,『서울시 뉴타운사업 7년간의 기록』, 2010년 1월
- 대한민국정부,『제4차 국토종합계획 수정계획(2006~2020)』, 2006
- 류중석,『수도권 신도시를 위한 새로운 계획기법의 모색』, 한국도시설계학회 2002년도 추계 심포지움 발표문
- 류중석,『혁신도시 · 기업도시를 통해 본 지방도시 개발의 과제』, '21세기 한국 도시개발의 전망과 방향' 심포지엄 발제문, 한국도시설계학회, 2007년 3월 23일
- 박철수,『주거단지 설계과정에서 Master Architect 방식의 적용사례 비교연구』, 한국도시설계학회지, 제6권 제1호, pp.19~41, 2002년 3월
- 변창흠,『뉴타운 정책의 문제점과 경기도 뉴타운의 출구전략』, 제2회 경기도 · 주택포럼 발제문, 2011.4.19
- 서수정 · 조성학,『MA설계 운영방식 개선에 관한 연구』, 연구 2003-44, 대한주택공사 주택도시연구원, 2003년 7월
- 윤인숙,『지역지역균형발전 전략으로서의 서울시 뉴타운개발사업의 한계』, 2003년 후기 한국지역학회 학술발표대회 발표문
- 진미윤,『보금자리주택의 추진현황과 전망』, '보금자리주택의 문제점과 개선방안' 토론회 발제자료, 2010년 8월 25일
- 최봉문 외 3인,『혁신도시 건설과 지방도시 활성화』, 도시정보 2007년 2월호, 대한국토 · 도시계획학회

관련 홈페이지

- 경기뉴타운 지원센터 http://www.giconewtown.co.kr
- 경제정의실천시민연합(경실련) 성명 및 보도자료 http://www.ccej.or.kr
- 국토해양부 기업도시 http://enterprisecity.mltm.go.kr
- 국토해양부 혁신도시 http://innocity.mltm.go.kr
- 보금자리주택 홈페이지 http://portal.newplus.go.kr
- 서울특별시 주택정책실 http://housing.seoul.go.kr
- 행정중심복합도시 건설청 http://www.macc.go.kr

2장

공동주택, 단지의 시대

김태만 | 해안건축 대표

1. 개관

1.1 무조건적인 성장은 없다 : 인구, 경제적 변동과 주택 환경의 변화

21세기를 시작하는 2000년대는 20세기 중반 이후 폭발적으로 증가해온 한국의 인구 상승세가 가시적으로 둔화된 것을 체감하는 시기이자 일, 이십 년 내 가까운 기간에 드디어 인구가 감소할 것으로 예견되기 시작한 시기이다.

1960년대 이후 베이비부머 세대 및 그 자녀 세대의 성장에 발맞춰 1990년대까지 급격히 진행되어온 산업화, 탈농촌화, 도시화, 수도권 집중화 등의 경향은 우리로 하여금 빠르게 주거의 양을 늘려 이에 대비토록 하였다. 이에 고밀도 거주모형으로 아파트는 우리나라의 대표적인 주거 유

형으로 점차 그 자리를 잡아갔다. 예전 반포와 잠실에서 볼 수 있던 5층 정
도의 초기 아파트 모델은 점차 10여 층 내외의 '고층' 아파트로 바뀌어갔
으며, 1990년대에는 분당 등 신도시에 30층대의 아파트가 들어섬으로써
높이 기준이 새롭게 바뀌었다. 2000년대에는 주거복합의 경우 서울과 대
구, 부산 등지에 60~70층 대의 초고층 아파트가 등장하면서 고층 아파트
의 인식이 몇 십 층 대로 바뀌는 상황에 이르게 되었다.

　높이의 문제보다 더 의미 있는 변화는 주택보급률의 문제이다. 통계
에 따르면 2005년 우리나라의 주택보급률은 지역적인 편차를 무시한다면
이미 105.9%를 기록했다[1]. 적어도 인구 및 세대수에 대비한 주택의 숫자
는 '성장하는 주택시장'이라는 패러다임을 버리게 만들었다. 집에 대한
교체 수요도 항상 있을 것이며, 세대구성원 수의 감소로 세대수가 늘어나
는 경향이 당분간은 지속될 것이라 예상되었다. 그럼에도 불구하고 인구
의 증가, 전통적인 가족들로 이루어진 세대수의 증가, 입지 경쟁에 의한
전국 도시권의 주택공급이 점증할 수 밖에 없고, 우리의 모든 도시가 고층
의 미래도시로 변해 가리라는 환상은 이제 2000년대의 시기에 수정이 불
가피해졌다.

　1997년 말 IMF 사태 이후 침체기를 빠져 나오기 위해 2000년대 초반
에는 다양한 경기침체 완화 및 경기부양의 정책들이 이어졌다. 하지만 이
제 사람들은 20세기의 세계를 견인하고 근대 한국을 견인하던 고성장, 고
금리를 비롯하여 부동산의 지속적 고성장이 계속 이어지지 않을 것이라는
사실을 아프게 인정하기 시작했다. 일본은 이미 제로성장, 부동산 거품,

---

1 이홍일 외, 「중장기 국내 주택시장 전망」, 2011, p.29

경기침체의 늪에 허덕여 구제불능의 미래를 가진 것처럼 보였고, 중국은 여전히 성장률의 고공행진을 이어가며 세계 2위의 경제대국을 따놓은 당상으로 여기며 당분간은 성장이 화두가 될 사회로 보이는 시기였다. 한국은 소위 '샌드위치 국가'론이 확산되면서 무엇이 우리의 성장동력이며, 우리 사회의 경제 체질이 어떻게 변해야 할 것인지에 대한 문제의식들을 공유하기 시작했다. 실물경제의 활성화를 목표로 한 정책적 배려들과 노력들에도 불구하고 2000년대 말 기축통화 달러의 화폐 발권력으로 세계 경제를 견인하던 미국의 금융시스템이 과부하로 붕괴되면서 그 여파는 한국에도 미치게 되었다. 환율 변동과 외국자본의 이탈, 수출입 시장의 난조 등으로 전체적인 시장이 침체에 빠져들었고, 경제성장률은 저성장을 건너뛰어 제로성장 및 마이너스 성장과 같은 불길한 예측 시나리오를 포함하도록 만들었다.

주택시장에 대한 전망도 어두워져, 이제까지 수십 년간 시장 확대를 떠받쳐 왔던 부동산 가격 상승에 대한 기대와 경제성장에 대한 기대가 더 이상의 부동산 활성화 정책 등을 기대하기 어렵게 되면서, 부동산으로의 공동주택 가치 상승은 둔화 및 정체에 빠져들게 되었다. 이제 주택을 소유

← 분당 신도시 전경
→ 목동 하이페리온과 그 주변 (자료 : http://www.jennyhouse.info)

한다는 것 자체에 부정적이 되거나 경제적으로 파이낸싱이 불가함을 인식하게 되면서 소유할 수 있으리란 희망조차 사라지게 되었다. 인구와 시장에 대한 이러한 변화된 환경에 대응하여, 이제까지의 주택공급 위주 정책 및 가격 안정화 정책에서 수요 위주 정책 및 정주성 제고, 활성화 제고 정책으로 그 방향이 옮겨지게 되는 것도 2000년대의 양상이라 할 수 있다. 이 시기는 근대 산업사회를 떠받쳐왔던 끝없는 발전과 성장의 신화가, 한국의 주택시장을 매개로 금이 가는 것을 목도한 시기라고 할 수 있다.

1.2 팔기 위한 집인가, 살기 위한 집인가 : 거주 유형의 세분화

집에 대한 기본 효용은 물론 거주하는 것이다. 이에 대해서는 그 누구도 이의를 제기치 않을 것이다. 하지만 몇 십 년 동안 한국 사회에서의 주택에 대한 공유된 인식은 팔기 위해 집을 소유한다는 것이었음을 부인하기 어렵다. 산업화는 대도시권으로의 직장 및 인구집중을 가져왔으며, 특히 20세기 말 서울을 포함한 수도권의 인구는 4천 만 인구의 절반을 차지하는 2천만 명 수준이었다. 극심한 입지경쟁 하에 서울의 평균 아파트 가격은 지역 대도시들의 두 배를 넘고, 서울의 강남 지역은 다시 거기에 두 배를 곱해야 하는 계산에 이르렀다. 물론 이의 변수는 건물 값이라기보다 토지가였다. 수도권으로의 집중은 그 주택이 가진 실제 가치 이상의 가격 상승을 불러왔고, 사람들은 아파트가 가진 주거의 가치와 다른 유형, 예를 들면 단독주택이 가진 주거의 가치를 도무지 비교해 볼 엄두를 내지 못했다. 아파트를 소유한다는 행위는 지역적 잠재력이나 재건축 가능 여부에 따른 아파트 가격의 상승이라는 관점에서 평가되었고, 단독주택의 소유는 다세대주택, 소위 '빌라'로의 재건축이라는 의미로 여겨졌다. 동일 보유기간 이후의 잔존가치는 간단히 두 배의 편차를 보이는 함수가 가능했다. 그만큼 아파트 가격은 가파르게 뛰어 올랐다. 수도권 집중은 주거밀도의 상승 및 아파트의 대량 건설을 이끌었고, 아파트 값의 상승은 또 다른 수도권 집중 동기를 유발하였다. 아파트 값은 무조건 상승한다는 인식으로 사람들에게 학습되었고, 이는 교외권으로의 스프롤적인 신도시 개발, 아파트 단지 개발을 불러오는 악순환을 반복하게 했다.

하지만 동시에 2000년대는 팔기 위한 집의 가치가 도전 받는 시기이기도 했다. 몇 차례의 경제위기를 겪고 부동산경기의 침체를 겪으면서 부동산의 경제적 가치는 소유 후 자산가치 상승에 대한 기대보다 임대료를 안정적으로 확보하려는 경향으로 나타나기 시작했다. 이는 이제까지는 우리나라에서 경제력 때문에 어쩔 수 없이 선택하는 거주방식으로 보편적으로 인식되던, 월세 시장의 성장을 이끌었다. 사람들은 주택을 자산 성장의 대상으로 보도록 강요 받던 몇 십 년의 굴레를 벗어나기 시작했다. 또 이제껏 가격 상승이라는 열매 때문에 눈을 감았던 '자신이 어떤 주거환경에서 살기를 원하는가'에 대한 내면의 목소리에 귀를 기울이기 시작했다. 삶의 질과 주거의 다양성이 이제 목소리를 낼 자리를 찾게 된 것이다.

건축법에서 공동주택이라 함은 아파트, 다세대주택, 연립주택 등을 포괄하지만, 수십 년 동안 한국의 공동주택 역사는 아파트의 역사였다. 아파트의 주택 점유율이 70%인 현시점에서 많은 젊은 세대들의 주거에 대한 기억에는 골목길과 마을이 아니라 아파트 계단과 단지 내 놀이터가 있을 뿐이다. 2000년대에는 20세기 말을 지내오면서 찍어내듯 만든 공동주택의 유형에도 다양화의 바람이 불었다. 똑같은 품질의 아파트에도, 고작 서울이라는 작은 지리적 범위 내에서도, 입지에 따른 차별화, 계층화 현상이 심하게 벌어졌다. 또한 지형에 따라, 지역에 따라, 용도지역에 따라, 어느 곳이나 품질의 편차가 거의 없던 아파트들이 이제는 오래되어 재건축 외에는 희망이 없어 보이는 아파트, 브랜드화된 고가형 지역 중심권 아파트, 최고급을 지향하는 초고층 주거복합형 아파트 등으로 다양해졌다.

집 하나 사는 것을 목표로 하여 일생의 경제력을 소진하던 시절을 벗어나, 경제력을 가진 다수의 장년 중산층들은 다양한 유형의 교외형 공동주거로 눈을 돌리기 시작했다. 그린벨트 지역에 단독으로 개발되던 아파트들은 아파트 가격 상승에 대한 신화와 획일적 아파트 거주에 대한 반감이 결합된 유형일 수 있었다. 물론 그런 아파트들도 멀지 않은 시기에 대규모 단지화 및 택지지구 편입 등으로 차별성을 잃어갔다. 이제 사람들은 과거의 단지형 대규모 아파트에서 벗어나 다양한 시도를 할 용기와 명분을 얻었다. 친환경적인 삶에 대한 점증하는 욕구들은 보다 주거친화적이고 저밀도인 타운하우스 같은 의미 있는 시도를 가능하게 했고, 귀농과 결부된 농촌형 전원주택은 민박의 개념을 가진 펜션의 열풍으로 이어졌다. 여기에 고가의 리조트형 골프빌리지 등도 골프 인구의 증가와 함께 시장의 설득력을 얻으면서 소단위, 저밀의 다양한 주거 유형을 보탰다.

386세대나 X세대들이 젊은 시기를 보낸 2000년대는 그 이전 전통적인 방식의 연장선상에 있던 이농세대 및 경제성장 주도세대의 성격으로부터 의미 있게 변화해가던 시기였다. 고학력, 늦은 결혼, 여성의 직장생활 등이 모두 자연스럽게 받아들여지고 출산율도 낮아지면서 교통여건이 양호한 곳 중심으로 독신가구, 임시가구, 소형가구 등을 위한 주택 수요가 폭발적으로 증가하였다. 주택정책상 소형 아파트는 저소득 임대주택 위주로 공급이 제한되는 상황이었으므로, 1~2인 가구나 소형 주거들에 대한 수요는 오피스텔, 원룸(다세대, 다가구 형식), 고시원(○○텔) 등 다양한 유사주거 및 대체주거 형태로 소화되었다.

1.3 이성적이고 착한 주거 철학 : 친환경 이슈와 주택에 대한 가치의 다양성

이 시기는 어떻게 하면 잘 살 것인가가 화두가 되기 시작하는 시대였다. 예를 들어, 친환경 유기농산물을 구입해서 먹는 것이 건강을 위해서도 자신의 계층성을 드러내는 데에도 유효했다. 웰빙의 콘셉이 시대를 풍미했고, 사람들은 영양을 효율적으로 섭취하는 것에서 벗어나 지방을 효율적으로 연소하는 것에 몰두하게 되었다.

친환경에 대한 이슈는 점차로 범위를 넓혀 가며 사람들의 의식 및 가치 구조에 변화를 가져오기 시작했다. 건강과 운동에 대한 관심이 중산층 사회의 화두가 되어가는 한편, 학생들은 친환경 교육을 마치 예전의 반공교육처럼 받기 시작하여 새로운 사상과 새로운 믿음으로 인식하기 시작했다. 20세기 말 정치구조 변화를 목표로 하던 사회운동은 이제 시민운동이라는 이름으로 바뀌면서 친환경과 삶의 질 문제를 주요 화두로 삼기 시작했다. 이 친환경 이슈는 개인적 삶의 문제뿐 아니라 문화와 예술의 패러다임도 바꿔 놓았다. 한때는 진부함과 촌스러움의 상징 같았던 '그린'은 세련됨과 지적 우월함의 상징이 되었고 자연을 콘셉으로 한 모든 문화·예술적 행위는 미덕이 되었다.

이는 도시와 주거 등에도 전방위로 구조적인 영향을 미쳤다. 도시는 콘크리트 숲이고 그 선봉에는 똑같은 모양의 아파트가 서 있었다. 이것들은 이제 더 이상 근대화의 상징이 아닌 암울한 이전 시대의 산물이며 타도의 아이콘이 되었다. 번잡한 도시 속에 구원과 같은 센트럴파크에 대한 흠모와 경외는 극에 달했다. 모든 방음벽은 아이비로 덮고, 한 그루의 나무를 살리며 강에 물고기가 살 수 있게 하여 환경을 살리는 것이 삶의 도덕적·종교적 과제와 같다는 의식이 큰 거부감 없이 공유되었다.

공동주택은 편의성 및 재화적 가치 상승이라는 일극 지향된 관점에서 벗어나 친환경적이며 개성 있는 라이프 스타일 및 브랜드를 통한 삶의 가치 증대에 관점을 두기 시작하였다. 그리고 이렇게 다양한 가치 추구의 방향 중에서 친환경적인 삶과 녹색의 도시 만들기에 대한 관심은 가장 중요해졌다. 원론적 친환경 개념은 자연회귀적인 성격이 강했다. 생태적 접근은 무엇을 만드는 것 자체를 의심하게도 했고, 편리한 삶에 길들여져 온 현대문명을 거부하게도 만들었다. 사람들은 덜 만들고 덜 쓰고 덜 소유하고 자연으로 최대한 돌려보내는 것이 바람직하다는 새로운 가치의 삶과 이제는 익숙해진 문명적인 도시, 주거의 삶 사이에서 괴리를 느꼈다. 2000년대를 지내오면서 가이아, 지구 살리기, 생태계 순환과 같은 이상적이고 붕 뜬 듯한 친환경 목표는 보다 현실적으로 전환해 화석자원의 고갈 방지와 탄소가스 배출 억제 등의 전술적 목표를 잡아갔다. 이제 에너지를 덜 쓰고 또 생산하는 주택이, 공동주택의 미덕을 판단하는 새로운 척도로 자리를 잡아가고 있다. 단지 차원에서의 대규모 조경공간을 강화해 '아파트 단지＝ 조경'이라는 인식의 전환을 가져오게도 했다. 또한 친환경 이슈 중에서 에너지적 장점을 가진 단열, 채광, 전기, 설비, 향, 재료 등의 요소기술들을 우리 특유의 신속함으로 대세로 자리잡게 하면서, 주거에 대한 우리의 철학은 실용성과 도덕성을 겸비해갔다. 이 시기는 일종의 가치의 전환이 이루어지거나 시대의식이 자리잡아 가고 있다 할 만 했다.

1.4 아파트 도시문화의 서막 : 문화적 자원으로서의 주거 건축

2000년대에는 크고 작은 건설사들이 공동주택에 대한 독자적인 브랜드로 자리잡는 것을 목도했다. 건설회사의 이름이 아파트의 이름이 되어 '○○동 ○○아파트'로 불리거나, '○○마을' 식으로 불리던 1기 신도시 아파트 이름들이 이제는 패션이나 가전처럼 브랜드로 바뀌었다. 사람들은 아파트 브랜드에 따라 아파트 값이 의미 있는 차이를 보인다고 인식하게 되었다. 살기 위한 동네를 쇼핑하는 것 외에 아파트 브랜드를 쇼핑하게 되었고, 살고 있는 단지의 재건축을 위한 건설사를 선정하는 것은 곧 아파트 값을 지탱해 줄 건설사의 브랜드를 선정하는 것과 동일한 의미가 되었다. 이러한 아파트의 브랜드화는 재화적 가치 상승 동기에서 출발했지만 자연스럽게 일종의 공동체 의식을 강화하는 데에도 영향을 주었다. 일정 지역의 신규 개발 혹은 재건축들에는 비슷한 경쟁력을 가진 브랜드들이 군집하게 되었고, 주민들에게 집단적인 계층의식을 발현시키거나 차별화되었다는 아이덴티티를 심어주었다. 이러한 경향은 고급 주거복합 아파트 단지들에서 더욱 심화되었고, 전통적인 부유층 단독빌라 주거지인 한남동, 성북동, 방배동 등을 대체할 것만 같은 새로운 고급주거의 상징이 되었다.

브랜드화의 경향은 디자인의 차별화와 병행하면서 다양한 양식의 시도와 소비가 이루어졌다. 대다수의 초기 브랜드들은 고급으로 인식되는 것을 목표로 했고, 분양 전략으로서 서양 고전양식을 차용하여 브랜드의 아이덴티티로 삼기도 했다. 광고는 유럽귀족의 삶과 유럽의 도시환경을 보여주며 계층의식을 부추겼다. 한편으로는 현대건축이 가지는 경제성과 미학의 균형을 추구하는 현대적 조형을 아파트에 적용하려는 경향도 나타났다. 그러나 아파트 유형 자체가 동어반복적인 조형원리를 가질 수 밖에 없다보니 저층부와 고층부를 차별화하여 디자인 요소를 더하고 소위 '특화설계'로 여러 디자인 요소들을 적용해나가는 방향은 거의 모든 브랜드들에서 큰 차이 없이 이어졌다. 고가의 타운하우스, 단독주택 등에서는 최고급 지향의 한 방식으로 이미 '클래식'으로서의 위치를 획득한 하이모던 스타일이 시도되었다.

중요한 양식적 시도 중 하나가 바로 한옥이었다. 이미 일정수준 경제적 안정 시기에 진입한 많은 나라들의 선례처럼 우리도 이제 불편함과 극복의 대상으로 여겼던 우리의 주거양식을 자부심으로 돌아볼 시기가 된 것이었다. 스스로의 자존감을 드러내고 세계에 경쟁하기 위해서 우리의 것으로 차별화하고 새롭게 업그레이드해서 내놓아야 한다는 인식은 이 시기 거의 모든 문화적·학문적 영역을 관통했다. 경제적 발전으로 얻은 자신감의 연장선상에서 우리 역사와 문화적 자산에 대한 자신감과 한옥에 대한 관심은 이어졌다. 따라서 한옥 공동주택을 개발하거나 '한스타일'의 발전을 모색하기 시작했다. 2007년 우리 정부가 한스타일 종합계획을 발표한 이래 주택공사는 2009년 시흥목감 시범사업지구에 한옥디자인을 도입하고자 계획을 세우는 것으로 가시화되기 시작했다[2].

우리나라 주거 유형의 우위를 차지하게 된 아파트 및 아파트 단지에 문화적 변혁이 한참 벌어지는 상황에서 2기 신도시를 주도하는 주택공사나 토지공사, 그리고 각 지자체들의 도시개발공사 등에서 주택단지의 총괄적인 계획 및 문화적인 자원화를 유도하는 움직임이 활발해졌다. 이는 총괄건축가(MA; Master Architect) 제도, 총괄계획가(MP; Master Planner) 제도, 경관관리자 도입 등을 통해 도시, 단지, 건축, 조경, 경관, 공공디자인 등 다양한 요소들을 아울러 계획하고, 균형 있고 차별화된 문화적 자산들로 만들어 가려는 노력으로 이어졌다.

---

2 대한주택공사, 『공동주택 한옥디자인』, 2009, p.18

2. 주택정책의 변화와 공공 단지계획, 건축설계의 다양한 운용

2.1 부양이냐 안정이냐 : 인구 경제적 변화와 주택정책 변화에 따른 영향

정부 정책의 주요 과제 중 부동산 정책은 아파트를 중심으로 하는 주택 정책이었다. 1997년 IMF 사태 이후 주택건설 경기는 바닥을 쳤고, 1998~2000년 사이 주택 인허가 실적은 급감했다. 따라서 경제를 되살리는 정책을 최우선으로 하는 것은 불가피했다. 1999년의 아파트 분양가 전면 자율화 등의 정책으로 대표되는 90년대 말 경기부양 기조의 연장선 상에서 2000년대 초·중반의 주택 정책들은 주택경기부양 정책들이었다. 전용면적 85m² 이하 세대에 대한 양도소득세가 면제되는 등의 세금 정책과 병행해 2001~2003년 사이 공급 부족 해소를 위해 매년 50만 호 정도씩 주택을 공급하였다.

주택경기는 다시 과열 양상을 띠었고, 따라서 2003년 10.29 대책을 통해 안정적인 주택수급 상황을 유도하는 방향으로 돌아섰다. 이 정책에 포함된 것은 300세대 미만 세대의 주거복합도 종전과 다르게 주택법에 따른 분양절차를 밟게 하거나 주택가격 상승률이 현저히 높은 지역에 대해 주택거래 허가제 등을 포함하여 안정화를 꾀하는 것들이었다. 그럼에도 불

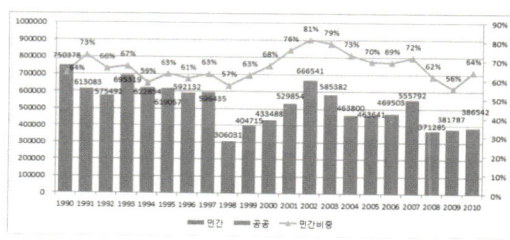

신규 주택공급 추이
자료 : 김찬호, 『주택산업대응전략 및 주택정책 방향』, 2011, p.17

구하고 2004~2007년 참여정부 시기에는 다시 지방 신도시들과 공공 장기 임대주택 공급 등의 정책을 통해 매년 40만 호대 공급이 이루어져 꾸준히 주택보급률이 상승하였다.

아파트에 대한 선호는 꾸준히 높아지고 있는 와중에 경기 부침에 따라 아파트 중심의 주택 공급량을 늘리는 정책과 부동산 가격을 안정시키는 정책을 번갈아 내놓으면서 부양과 안정을 왕복하는 사이, 2000년대 말에 이르러 주택 정책은 새로운 선택을 강요 받는 기로에 섰다.

2007년 미국에서 주택금융과 연계된 서브프라임 모기지의 부실 사태로 인한 금융위기가 국내 금융에도 영향을 미치면서 자연스럽게 개발사업을 금융적으로 지원하던 프로젝트 파이낸싱과 주택대출 등에 영향을 주고 주택 정책에도 변화를 가져왔다. 2005년 이후 전국평균 주택보급률은 이미 100% 초과한 상황이었고, 아파트 가격의 과열 현상은 실물가치를 넘어서는 거품일 수 있다는 인식이 피부에 와 닿기 시작했다. 세계적 금융위기는 이러한 것이 더 이상 이웃 일본이 겪었던 일만이 아니라는 서늘한 경고였다.

2008년 신규 아파트에 대한 분양가 상한제를 도입한 이후 주택공급은 급감하였다. 이미 사람들은 주택을 거주 필요성에서가 아니라 유동자금을 투자하는 대상으로 상대해오던 시기였고, 부동산 불패 신화에 바탕을 두던 신규개발과 대형 아파트 경쟁은 이제 더 이상 맹목적인 부동산 금융의 지원을 받을 수도 없게 되었다. 인식은 바뀌고, 2008년 이후 민간 건설사들이 수요자였던 공공택지들의 분양은 저조해지고, 주택공사와 토지공사

가 합쳐진 한국토지주택공사(LH공사)는 재정난으로 개발 예정되었던 택지
지구 일정들을 지연시켰다. 이로 인해 서울 등지의 재개발·재건축 사업
들도 불투명한 부동산 수요 상황에 따라 일정들이 지연되었다.

이 시기는 또한 급격한 인구구성의 변화가 보이는 시기였다. 이는 장
년 및 노년 인구층의 증가, 세대 구성원수 감소로 특징지어진다. 전통적인
세대 구성의 급격한 변화가 이루어진 것은 주택수요 예측에 사용되던 4인
가족의 구성, 그 가구들의 점진적인 대형평형 주거 소비, 인구의 수도권 집
중경향에서 습관화된 중형 가족형 아파트의 공급 경향에 제동을 거는 것
이었다.

노년 인구의 증가로 3세대 동거형보다는 독립적인 실버형 입지 및 소
형 세대에 대한 수요가 늘어났다. 세대 구성원수의 감소로 중대형화 경향
은 주춤하고 소형 평형에 대한 수요를 증가시켰다. 인구증가세는 급격히
둔화하는 경향을 명확히 보였다. 인구 총수의 증가는 2000년대 내내 지속
되었지만 그 성장세는 꺾여 2020년에는 총 인구수의 감소를 예견할 수 있
게 되었다. 세대 구성원수의 감소에도 불구하고 분가와 독거 등의 거주 유

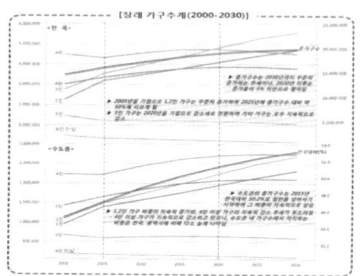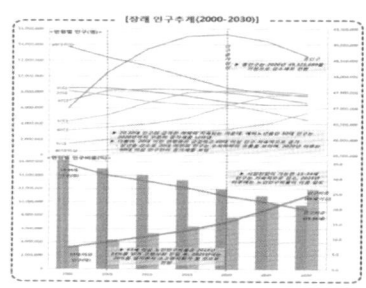

장래 인구 및 가구 추계
자료 : 김찬호, 2011, p.21

형 증가에 힘입어 세대수의 증가 추이는 지속되었으나 그 증가세도 2030
년에는 정점에 달해 이후에는 총 가구수도 감소할 것으로 전망되었다. 이
는 주거지 재생이나 입지 이동 이외에는 더 이상의 수요를 기대할 수 없게
되는 제로섬 게임을 연상하게 한다. 이러한 변화들은 주거 유형들의 변화
와 더불어 입지 경쟁에도 불을 붙였다. 정체의 시기일수록 수요층이 확보
되는 중심지를 선호하는 경향이 가속화되었고, 가격편차 및 공실 증가, 미
분양 등에 의한 지역적 불균형이 심화되었다.

2.2 신도시 경쟁의 시대 : 주택단지, 신도시 계획 지향점의 다양화

21세기는 국가 간의 경쟁보다 더 흥미진진한 도시들의 경쟁이 본격화되는
양상을 보인다. 런던과 뉴욕과 동경이 국제 금융 시장을 놓고 경쟁하고,
상하이와 홍콩과 싱가폴과 서울이 지역 거점을 놓고 경쟁한다. 한 나라 안
에서도 줄어드는 인구 자원을 놓고 입지 경쟁을 벌이는 구도시와 신도시
간의 경합은 당연한 일이 되었다. 이제 개발되는 신시가지와 신도시들은
저성장의 시대에 번영과 생존을 위해서도 경쟁력 있는 지향점을 갖고자
노력하기 시작했다.

새로운 밀레니엄과 함께 화제를 모은 2001년 서울시의 상암 새천년주
거단지 국제공모는 난지도 매립지 주변에서 펼쳐졌는데, 서구권의 성장기
를 지내온 도시들이 겪었던 브라운 필드 개발의 사례들에서처럼 친환경적
단지 개발 경향을 촉발시켰다. 서울시는 1990년대 용산 역세권 개발 계획
등을 통해 일본식 텔레포트 모형을 가지고 신시가지 개발을 그려왔으나,

2000년대에 들어서면서 영국 밀레니엄 빌리지의 친환경 개발에 영향을 받아 상암동 일대를 미디어 도시와 친환경 주거단지로 바꾸려는 계획을 구체화했다.

상암지구 자체는 유비쿼터스 개념 도시를 지향하는 미디어 도시를 특색으로 하고 있다. 이는 서울의 도시 경쟁력 강화를 위해 미디어 산업을 육성하고자 하는 것이 배경이었다. 또 주거단지 개발에 있어서는 인근 매립이 끝난 쓰레기산인 난지도의 공원화와 연계하여 기존의 신도시들이 갖지 못했던 친환경 개념을 구현하려고 노력했다. 이 출발은 공기와 침출수 등을 통해 오염물질 위험이 상존하는 지역의 환경적 열악함을 극복하기 위한 것이었다. 이에 따라 친환경적인 단지란 무엇인가에 대한 근본적인 물음과 해법들이 연구되었다. 단지와 주택 디자인에 있어서도 통합된 어프로치가 시도되었고, 도시와 건축이 괴리되었던 이전의 신도시들과는 다른, 다양한 유형과 도시공간이 유기적으로 결합한 친환경적 분위기의 도시를 만들어 냈다.

화성, 운정 등으로 대표되는 2기 신도시들에서는 활성화, 친환경이 화

상암 DMC

두였다. 분당, 일산 등 1기 신도시에서 자족기능의 초기 확보에 어려움을 겪고 장기간 업무 상업기능의 확충에 어려움을 겪다가 주거복합으로 개발할 수 밖에 없었던 과거를 교훈 삼아, 초기부터 도시기능의 자족성과 활성화에 초점을 두었다. 화성 동탄신도시는 기본구상에서부터 삼성단지와의 활성화 연계에 노력했으며, 민간과 공공의 합작으로 대규모 중심용지를 복합기능으로 민간과 공공이 공동 협력 개발하는 방식을 취하였다. 주거용지 외에 이 중심용지에도 대규모 도심형 초고층 주거복합이 자리잡게 되어 '주거복합은 고급 아파트'라는 인식을 화성의 벌판에서 경부고속도로에서 조망하는 미국식 스카이라인으로 구현하였다. 파주 운정신도시에서는 친환경 단지계획에 주안점을 두어 기존 지형과 녹색 자원들을 최대 활용하는 방향을 지향했다. 도시는 더 이상 강한 격자형 도로망이 아닌 끊임없이 연결된 녹지의 목걸이가 되었다. 또 한편으로는 자연과 예술이 강조되는 파주·고양 지역의 지역 문화가 신도시에 확대 재생산되도록 노력이 경주되었다.

국제적인 경쟁력 강화를 표방하며 2003~2008년 사이 12곳의 경제자유구역이 지정되었다. 대부분의 경제자유구역 신도시들은 추진이 미흡한 반면, 송도국제도시는 수도권과 인천공항의 이점을 활용하여 국제공모를 통한 OMA 제안에서 발전시킨 새로운 도시개념을 선보이며 속도를 높였다. 또 게일과 포스코건설이 주도한 NSC 컨소시엄이 주도한 국제업무단지에서는 KPF 설계로 국제적이지만 한편으론 토착화된 한국의 공동주택 문화와는 거리가 있는 이질적인 디자인 표준의 주거단지를 선보였다. 그러나 오피스 건물뿐 아니라 공동주택에도 LEED 등 친환경 등급을 강조하여 친환경적이면서도 미래적인 도시라는 차별화된 입지를 구축했다.

수도권을 중심으로 한 1, 2기 신도시의 모형은 참여정부 시기에 행정도시 및 혁신도시 계획을 통해 전국으로 확산되었다. 국가의 경쟁력을 위해 수도권을 선도적으로 발전시켜 견인하도록 할 것인가, 국토의 균형 있는 발전에 무게를 실어 분배와 평등의 모형을 구현할 것인가는 공간정치의 끊임없는 논란이었다. 국토의 균형 발전에 방점을 둔 방향이 2007년 중앙부처 이전을 위한 행정중심복합도시 계획으로 추진되었다. 행정수도라는 위상으로 시작하여 중심이 공원과 하천으로 할애된 고리형의 도시모형

↖ 분당 주거복합 밀집 지역(자료 : http://www.jennyhouse.info)
← 동탄신도시 중심상업 지역 메타폴리스(자료 : http://photo.smilemax.co.kr)
→ 송도국제도시(자료 : http://article.joinsmsn.com)

이 국제아이디어 공모를 통해 선정되고 구체화되었다. 이곳에 가장 먼저 모습을 드러낸 행복도시 첫 마을(건원종합건축사사무소 설계)은 이전 기관의 공무원들을 염두에 둔 주거단지였고, 도시의 혁신성에 걸맞게 새로운 모습을 보여주었다. 지형 활용을 강조한 단지계획이 그 특징이었다. 2007년에 공표된 특별법에 의거해 공공기관들의 지방 이전을 통해 국토의 균형 발전을 꾀하고 행정기능의 이동에 부응하고자 하였고, 이렇게 시작된 10개의 혁신도시 건설 계획은 특별한 도시와 주택의 지향점을 보여주지는 못했다. 오히려 잠재력이 약한 지역의 수요를 이끌기에도 힘겨워 보였다. 혁신도시들은 신도시를 전국적으로 확산한 것 이상의 계획적 유의점을 보여주진 못했으며, 오히려 전국적으로 지역의 개발 여건과 상관없이 지가를 상승시킨 주역이라는 인식을 낳았다.

2009년, 수도권에는 보금자리주택 정책이 도입되었다. 이는 주거 수요 불균형 해결의 핵심지역인 수도권에 주택공급을 늘리는 방법으로 수도권 서민주거 안정을 꾀하고자 하는 것이었다. 임대주택 공급이 핵심이므로 공급가를 낮추기 위해 저가의 토지확보가 필수적이었다. 그린벨트 해제 지역에 정책적으로 주거단지 입지를 정하였고, 중소형 임대주택 위주로 구성되었다. 입지 특성상 친환경 주거 유형 및 단지 계획을 강조하는 것은 자연스러웠다.

2.3 도시와 건축의 재회 : MA가 그리는 단지, MP가 조율하는 도시

가히 신도시의 시대라 할 만한 1990년대와 2000년대를 지내오면서 전통적인 도시, 교통, 토목, 조경, 건축 등의 영역에서부터 새롭게 자리잡은 경관계획 및 시설물 디자인 영역에 이르기까지 다양한 전문가들의 협업으로 신도시의 대규모 주택단지들은 만들어졌다. 전문성이 강화되고 확보된 장점이 있는 반면, 전문가들 간의 교류는 실제로는 업무효율과 전문성이라는 명분 아래 피상적인 경우가 많아졌다. 건축가의 역할은 적어도 주택에 있어서는 매우 축소되어 배치와 외관을 결정하는 것이 주요 역할이 되었다. 특히 도시와 건축 분야의 괴리는 차별화된 도시와 주택단지를 만들고자 하는 관점에서는 극복해야 할 대상으로 간주되었고, 공공이 주도하는 주택 신도시들에서 총괄건축가(MA; Master Architect) 제도, 총괄계획가(MP; Master Planner) 제도 등을 도입하기에 이르렀다.

총괄건축가(MA; Master Architect) 방식은 도시와 건축 만들기를 병행하는 대한주택공사에서 먼저 도입하였다. 점차 이 제도는 서울시 도시개발공사에 의해 확대 적용되었는데, 2001년에는 상암 새천년주거단지에 적용하였다. 총괄건축가(MA; Master Architect)의 마스터플랜에 의해 전체 신도시의 골

← 행복도시 첫 마을(자료 : 자료 : http://www.kunwon.com)
→ 상암 새천년주거단지(자료 : http://seoinn.kr)

격 및 주택배치 등이 정해지고, 다수의 블록건축가(BA; Block Architect)들은
이 밑그림에 따라 개별 블록의 주택계획을 완성하는 구조였다. 은평 뉴타
운은 2003년 1월부터 2005년 12월에 이르기까지 수십 차례의 조율 회의
를 통해 폭넓게 주제의 의견들이 제시되고 반영되면서 풍부한 주택단지의
질을 확보한 것으로 평가받고 있다.

도시와 건축을 같이 그려가는 총괄건축가(MA; Master Architect) 제도는
2004년 3월 당시 건설교통부의 지침에 의거 총괄계획가(MP; Master Planner)
방식으로 제도화되어 모든 공공 택지개발 지구에 적용되었다. 이미 기본
계획이 완료되었던 판교, 파주 신도시 등에서는 실시계획 승인 이전에 적
용되어 보완적 개념으로 시행되었고, 2006년 이후 2기 신도시들에서는 대
규모 단지 계획에 전면적으로 시행되었다.

총괄건축가(MA; Master Architect) 제도는 제한적인 신도시 사례들에 적용
되어 도시구조 차원에서부터 단지의 성격 및 주거동들의 세부적인 유형까
지 세밀하게 발전시킨 특성이 있어 설계 지향적인 성격이 강했다. 반면, 총
괄계획가(MP; Master Planner) 제도를 통해서는 도시, 교통, 토목, 조경, 건축,
경관 등 관련 분야의 계획언어 상호조율 및 통합적인 인허가협의 승인 등

은평 뉴타운
자료 : http://www.eplib.or.kr)

을 목표로 하여 조정과 효율화의 특성이 강했다. 전반적으로 본다면, 도시
와 건축이 최소한의 접점을 가지고 별도로 추진되어 세대 중심, 개별단지
중심이었던 단지 건축 계획 관행으로부터 도시와 건축이 일관되게 조율되
는 방향으로 전환되는 성과가 있었다.

단일한 주거동 및 배치유형을 가졌던 공통주택들은 총괄건축가(MA;
Master Architect), 총괄계획가(MP; Master Planner) 제도를 통해서 주거동 및 블록
유형이 다양해졌다. 이는 총괄건축가(MA; Master Architect) 방식으로 시작된
상암 신도시나 은평 뉴타운에서 주로 적극적으로 시도되었다. 도시적 경
관이 중심적 고려사항이 되었고, 생활가로의 개념이 적극적으로 연구되었
다. 이후 중정형, 연도형, 테라스형 등 블록특성에 따른 다양한 주거동 유
형들이 이후 공공계획들에 연속적으로 적용되었다.

2.4 '아파트'에서 '건축'으로 : '건축가'가 설계하는 공동주택

1990년대 후반과 2000년대 후반, 대량의 주택공급이 이루어지고 신도시
들이 건설되면서 공동주택, 특히 아파트는 주거 유형 중 압도적인 비중을
차지했다. 그러나 좋은 건축물로서의 차별성 및 디자인 요소들의 통합성
을 잘 드러내지는 못했다. 동일한 유닛들의 변화 없는 적층이 경제성과 분
양상의 효율성으로 시장에서 설계를 위한 불문법이 되었기 때문에 유닛
자체 및 조합 그리고 단지차원의 변화를 도모할 여지는 적었다. 아파트의
설계비도 일반 건축물과는 완전히 다른 트랙으로 진행되었으며, 건축가들
의 영역이 아닌 아파트 설계자의 영역이 따로 존재하는 것처럼 업무의 영

역이 변해갔다.

아파트의 건축적 수준을 끌어올려야 한다는 문제 의식이 공유되고, 차별화에 의한 주거 수요자들의 선택권이 중요하게 인식되면서 '건축가'에 의한 아파트 변화가 모색되었다. 서울시 도시개발공사의 개발 사례들에 몇몇 중견 건축가의 참여가 일정 부분 성과를 내기 시작했고, 2006년에는 대한주택공사에 의해서 해외 건축가 지명 경쟁현상 방식으로 판교 운중 블록 국제현상공모 타운하우스가 추진되었다. 총 9개의 해외 설계사가 지명되었고 국내 건축가가 공동으로 참여하는 조건이었다. 당선작들은 페카 헬린(Pekka Helin, 핀란드)와 아이아크, 리켄 야마모토(Riken Yamamoto, 일본)와 건원건축, 마크 맥(Mark Mack, 미국)과 동우건축 등 세 개 팀이었다. 이는 공동주택의 디자인을 차별화하는 성과를 거둔 것으로 평가되나, 특히 한국적 주거 특성을 반영하며 발전해온 아파트들과는 달리 이 제안들에서는 한국적 공간구성과 상이하여 결과적으로 분양성이 저조한 결과를 낳았다.

2008년에는 서울시에 의해 특별 경관관리 설계자 제도가 도입되었다. 이는 '서울시 도시 및 주거환경 정비조례'에 따른 것으로, 구릉지, 문화재

← 판교 운중 블럭1
→ 판교 운중 블럭2
자료 : http://www.mk.co.kr

인근지역 등에 대해서 자치구청장이 직접 특별 경관관리 설계자 제도를
통해 정비사업 입안을 할 수 있도록 하는 것이었다. 한남 뉴타운 현상설계
등에 적용되어 구릉지 특성을 잘 반영한 개발계획안을 선정하여 개별 조
합들의 사업진행 시 인센티브를 부여할 수 있도록 하였으나 뉴타운 사업
자체의 불확실성으로 바로 실행에 옮겨지지 못했다.

3. 공동주택 디자인의 다양화 유도 정책

3.1 지침이 만드는 디자인 1 : 심의 기준의 강화

정부가 도시개발사업을 담당하는 공공 공사들을 통해 신도시 및 그에 동
반되는 공동주택들의 계획 지향점들을 정하고, 현상설계 등의 방식을 통
해 유형의 다양화 및 공동주택 건축물의 문화자원화를 꾀하는 동시에 중
앙 및 지방정부들은 건축 관련 지침과 건축심의 등을 통한 유도적 방법으
로 간접적으로 공동주택 디자인에 영향을 미쳐왔다.

　서울시는 도심권의 성장을 억제하는 기조를 유지하고 있었다. 이는 6
백여 년 역사도시인 서울의 정체성을 유지하기 위한 것과 도심 집중에 따
른 교통 악화의 문제, 도시기반시설의 양과 개발 밀도의 조화 등을 고려한
것이었다. 따라서 개발보다는 관리 위주의 정책들을 펼쳐왔는데, 이는 지
침 등을 통해 서울시에 필요하다고 여겨지는 디자인 방향을 유도할 수 있
었고 또 꾸준히 이를 시도해왔다. 공동주택 등을 심의하고 허가하는 인허

가권자의 입장에서 사업에 간접적으로 개입하는 방식을 택한 것이다. 이와 관련해 2000년대에 벌어진 가시적인 사례 중 하나가 2008년 6월 서울시 건축심의기준을 통해 디자인 기준을 강화하여 적용하기로 한 것이었다. 이는 2007년도에 서울시가 국제 산업디자인 단체협의회(ICSID) 주관 하에 '세계 디자인 수도 서울 2010(World Design Capital Seoul 2010)'으로 선정된 것을 계기로 우수한 디자인을 도시정책의 중요 수단으로 삼고자 하는 것들의 일환이었다. 공공디자인, 건축심의 등 디자인 관련 심의 기준을 강화 적용하여 공동주택의 디자인 다양화를 유도하였다. 스카이라인 다양화 유도, 발코니 면적 제한 및 다양한 발코니 유형 도입 유도, 디자인 우선 정책에 대한 의지를 강하게 드러냈다. 2008년 10월부터는 우수 디자인 아파트에 대해 10%, 친환경 및 에너지 절약 아파트에 대해 10%의 추가 용적률 인센티브를 부여하는 등 통과 기준이 아닌 보상기준으로까지 변화했다. 이는 지역 도시문화 차별화 및 경쟁력 강화를 원하는 각 지자체로 유사한 정책들이 확산 적용되는 현상을 낳았다.

　　이 지침의 시행 이후 공동주택으로 건축심의를 통과하는 것이 디자인

← 왕십리 주거복합형 시프트(자료 : http://money.joinsmsn.com)
→ 갤러리아 포레(자료 : http://blog.naver.com/likingsm)

의 목표로 인식되는 역설이 생길 정도가 되었지만, 다소 일반적이고 평준
화되었던 공동주택의 디자인이 차별화되는 계기가 되었다고도 평가된다.
한남동 단국대 이전 부지에 고급 임대주택단지로 계획된 한남더힐이나 서
울시 시프트 정책의 주거를 포함한 왕십리 주거복합, 서울시가 뚝섬 경마
장을 상업용지와 공원으로 조성해 매각한 부지에 건립한 뚝섬 갤러리아
포레 등이 이런 지침의 유도에 의해 탄생한 공동주택들이다.

　　이후 서울시는 공동주택 심의 시 친환경 기준을 엄격히 강화해 2009년
지침에서는 평균 외벽 관류율 값을 $1.34w/m^2k$ 미만으로 정하는 등 정량
화된 기준을 제시하여 커튼월 위주의 초고층 공동주택 디자인을 어렵게
하고 성능을 강화하도록 유도하였다. 2009년 역시 국토해양부는 주택법
에 의해 '친환경주택의 건설기준 및 성능'을 제정해 신규 건설 시 기존 대
비 10~15% 온실가스 감축을 의무화하기 시작했다. 이후 국토부와 환경부
가 공동운용하는 '친환경 건축물 인증', 지식경제부가 운용하는 '에너지
효율등급 인증' 등이 공동주택들의 통과의례로 여겨지게 되었다.

3.2 지침이 만드는 디자인 2 : 한국 공동주택 디자인의 계륵, 발코니

발코니는 실질적으로 확장이 일반화되어 전용면적의 확대를 의미하는 것
으로 사람들에게 인식되었고, 외피 면적을 최대화하여 확장된 발코니 면
적을 최대화하려는 개발자들의 압력으로 인해 공동주택의 외관은 주택이
보여주는 외관의 풍부함을 잃고 부풀은 스킨의 박스형 모습을 가져왔었다.
2008년 6월 서울시가 건축위원회 공동주택 심의기준을 통해 발코니 면적

의 제한을 가져온 것은 실질적으로 공동주택 평면 디자인에 큰 영향을 가져왔다. 지침에 의해 발코니 면적을 전용면적의 30% 이내로 제한하고, 한편으로는 발코니가 설치되는 벽면의 30% 이상은 발코니 설치를 지양하도록 함으로써 외관 다양화에 대한 디자인 콘트롤 수단으로서의 발코니 규제라는 인식을 극명하게 보여줬다.

장독대가 필요했던 전통적인 우리나라의 생활습관으로 인해 반 외부 공간으로서의 아파트 발코니는 한국 공동주택의 독특한 계획요소로 발전되어 왔다. 마당을 대신한 간이화단, 툇마루 개념의 반 외부공간 등으로 획일적인 아파트 평면을 다양화해 오다가, 김치냉장고 등 다양한 가전제품의 보급에 힘입어 실내공간화 하는 경향이 강해졌다. 발코니가 실내화되면서 외관은 상자갑처럼 단순화되었고, 이에 변화를 유도하기 위해 2000년 6월 건설교통부는 획기적인 지침을 내놓았다. 외피 쪽에 노출된 간이화단을 발코니 면적의 15% 이상 설치할 경우 발코니의 평균 폭을 종전 1.5m에서 2m로 확대해주는 것이었다. 평균 폭 개념의 확대 적용에 따라 아파트 평면은 종전의 선형 발코니가 아니라 방으로도 기능이 가능할 정도인 정방형의 확장된 발코니 공간들이 추가로 방처럼 구획되도록 하는 제안들이 이어졌다. 간이화단을 이용한 조경공간도 장방형의 형태로, 아파트 평면 내에 중정과 유사한 형태로 시도되기도 했다. 이렇게 조성된 간이화단은 외부에 난간을 설치해야 했지만 관리에 소홀할 수 밖에 없어 유명무실해졌다. 결과적으로는 확장이 가능한 발코니를 늘려준 결과가 되어버렸다. 2005년 변경된 지침이 적용되기 전까지 경제 활성화 정책의 분위기에 따라 집중적으로 2m 평균 폭의 발코니를 가진 세대들이 설계되었다.

드디어 2005년 12월 건설교통부는 유명무실해진 간이 화단을 포함하여 2m 폭 발코니 기준을 포기하고 다시 1.5m 폭으로 변경했으며, 대신 기존의 관행적으로 묵인되어 오던 발코니 확장을 합법화하였다. 이미 40%에 이르는 기존 발코니 확장 세대들을 양성화하고, 대신 안전한 구조기준을 적용하도록 한 것이다. 이 기준에 적합한 발코니는 필요에 따라 거실, 침실, 창고 등 다양한 용도로 사용할 수 있다고 명시적으로 규정하였다. 이 조치의 배경에는 확장과 비확장, 확장 방식의 다양성으로 인해 이미 통제 범위를 넘어선 아파트 외관을 콘트롤 하고자 하는 의지도 담겨 있었다. 이후로 아파트 발코니는 확장을 기본으로 구조와 단열 기준 등이 적용되었고, 기능상 필요한 빨래 건조, 주방을 보조하는 다용도실 등을 제외하고는 확장을 전제로 하여 계획되는 방향으로 수렴되었다. 건축물 대장에 발코니 영역이었다는 퇴화의 흔적을 남겨놓는 것 외에는 발코니는 전용면적화되었다. 2000년대를 통해 변해온 발코니에 대한 지침의 드라마틱한 변화들은 한국 공동주택 평면에 있어 발코니가 얼마나 계륵 같은 존재였는지를 역설적으로 보여주는 것이다.

4. 민간 주거 환경에서의 변화와 시도

4.1 땅은 공공이, 건물은 민간이? : 택지 조달 방식 및 주택 유형의 다양화

2000년대가 공동주택 및 아파트의 시대로 여겨질 만큼 급격한 공급이 이루어진 것은, 토지공사 주택공사 등 중앙정부 산하공사들 및 각 지자체의 개발공사들이 신도시급 택지지구들을 정책적으로 대량 공급한 것에서 기인한다. 주택공사가 토지조성과 아울러 임대 및 소형 주택들을 직접 건설하는 사업을 시행해 공급한 것을 제외하고는 대부분 주택들은 공공부문에서 조성한 토지를 민간 주택사업자들이 분양받아 공통주택을 건설하는 방식으로 이루어졌다. 1994년부터 1999년 사이에 준농림지의 집중적인 개발로 가능했던 상당수의 공동주택 물량들은 당시 시급했던 주택의 대량 공급을 위해 주택건설촉진법이라는 특별법을 수단으로 하여 도시적 차원에서 고려되기보다는 개별단지 차원으로 조성되어 산발적으로 수도권을 중심으로 공급되었다. 이로 인해 전 국토에 맥락과 경관이 고려되지 않은 아파트 단지들이 들어서게 되었고, 이후 수도권의 일부 지역 단독 개발 단지들은 2000년대에 죽전 신도시나 운정 신도시 등 공공 개발 택지지구 계획 범위 내에서 재정비되고 공공이 공급하는 신도시의 범주로 흡수되었다.

민간의 주요 주택 공급 수단이기도 했고 한편으론 무분별한 아파트 개발을 조장하는 주역이었던 주택건설촉진법이 2002년 폐지되고, 공공뿐 아니라 민간도 도시개발사업의 주체로 신도시를 조성할 수 있도록 도시개발법이 제정되었다. 민간도 신도시 개발의 주체, 택지 공급의 주체로 나설 수 있게 된 것으로, 민간부문 주택공급자들의 역할에 변화가 생겼다. 주택 건설촉진법 등에 의해 준농림지 단지 하나를 단독 개발하던 수준에서 벗어나 민간 주도로 미니 신도시급 규모의 도시개발사업을 시행하는 경우들이 등장하였다. 이는 대규모 택지와 주택의 일체식 개발 모델로 주택공사가 했던 역할과 유사한 방식이 가능하게 된 것이었다. 따라서 민간 주도로 도시구조가 짜이고 도로공원 등 기반시설이 조성되고 주거복합, 일반아파트, 연립 등 다양한 주택 및 판매 지원시설 등이 동시에 구성 공급되는 인천 에코메트로, 청주 지웰시티, 일산 위시티 등의 사례가 나타났다.

또 다른 특징적인 경우는 원형지 형태의 단지식 단독주택 택지 공급이었다. 1기 신도시에서 공급되었던 단독주택들은 상가겸용 주택 혹은 전용 주택 등의 용도로 구분될 뿐, 모두 개별 필지 형태로 공급되었다. 클러스터형 단독주택 군이나 게이티드 커뮤니티(gated community)형 서구식 단독주택 단지를 모델로 변화있는 단독주택을 조성하고자 원형지로 단독주택 단지용 택지를 공급하는 것이었다. 이는 산지를 이용한 계획지구 경계부 절성토를 최소화해서 공급하여 토지조성 비용도 줄이고 단독주택을 단지로

인천 에코메트로
자료 : http://live.joinsmsn.com

계획하는 유연성을 더하고자 하는 것이다. 죽전 블록형 단독주택 용지에
서 도입되기 시작했고, 2002년 분양 이후 동백지구, 동탄지구 등에서 대규
모로 적용되었다. 단독주택 수용층이 넓지 않은 특성과 여유 있는 공간 구
성이 어려운 점 등이 작용하여 상당수가 연립주택 형태로 진행되기도 하
였다.

공공택지를 분양받는 방식에도 변화가 생겼다. 가격입찰을 통한 기존
의 방식은 최소한의 계획적 유도만을 의미했다. 여기에 새롭게 적용된 방
식은 현상설계를 통한 택지 분양방식이었다. 건설사와 설계사가 동시에
참여하여 설계공모 결과를 포함한 절차를 통해 토지를 공급하는 방식이다.
공공택지에 건설되던 기존 민간 아파트들은 가격에 의해서만 주택을 위한
토지를 확보해 왔으므로, 다양한 수요에 따른 주택유형이 설계되기보다는
경제적이고 단순한 유형들이 주로 적용되었고, 시장에 이런 주택들이 저
항 없이 수용될 만큼 아파트에 대한 기대수요는 충분했다. 그러나 설계
경기 방식을 통한 입지 확보 시에는 일종의 조건이 되어 작용하므로 다양
한 주택유형이 초기부터 구상되고 적용될 수 있었다. 동탄 시범단지나 행
복도시 12개 블록의 경우가 이에 해당한다.

2005년 전후로 국내 건설사들의 해외시장 진출이 활발해졌다. 이는
축적된 신도시와 주택 설계 시공에 대한 자신감에 힘입은 것으로 2000년
대의 세계적인 호황에 따른 아시아권, 중동, 아프리카권의 도시개발 추세
에 따른 것이었다. 또 금융위기 이후 후반에 들어서면서는 국내 시장의
축소로 자연스럽게 해외진출을 모색하는 경향이 강해졌다. 개발자나 시

공자로서의 국내 건설회사들의 해외진출과 동반하여 설계회사들의 해외
진출도 활발히 시작되었다. 중국, 베트남, 알제리, 카자흐스탄, 러시아,
우즈베키스탄, 두바이 등 경제개발과 도시주택개발이 한창인 나라들에 원
격 설계 혹은 중대형 설계사들의 해외지사 설립이 잇따랐다.

2000년대 후반으로 갈수록 주택공급 정책 변화에 따라 공공택지 공급
이 감소하고, 경기침체로 분양성도 감소하고, 민간부문 주택건설 규모도
감소하는 경향을 보였다. 신규 주택단지 공급에 의한 사업 성공 가능성이
줄어들었고, 따라서 서울시 등 기성 시가지는 신도시, 주거복합 등 신규
개발 위주에서 재개발, 재건축 등 수요자 요구 개발로 변화하여 기성 시가
지 재생방향으로 전환되어 갔다. 또 한편으로는 주택가격 안정, 서민층
주거 공급 확대를 위해 정부의 보금자리주택 정책, 서울시 시프트 정책 등
도 시행되었다. 민간부분의 주택공급은 약화되고 뉴타운 방식으로 추진
되던 재건축 · 재개발 등도 시장성 악화로 새로운 위상 정립의 필요성이
대두되었다.

← 동탄 아트글란츠(자료 : http://etoday.serve.co.kr)
→ 카자흐스탄 동일하이빌(자료 : http://seoinn.kr)

4.2 아파트 제국에서 춘추전국시대로 : 수요의 세분화와 집합거주 유형의 다양화

아파트가 대표적인 주거 유형으로 자리잡으면서 그 편의성을 따르는 소형 거주 유형들도 활성화되었다. 대표적인 유형은 오피스텔이다. 1인 가구 비율이 2005년 20.4%에서 2010년 23.8%로 증가하고, 우리나라 평균 가구수도 2.88명에서 2.67명으로 변하면서[3] 거주의 소형화에 대한 압력이 점증한 것으로 보였다. 하숙과 자취 등으로 대별되던 이전의 소형 거주 방식이 세대의 독립성과 편의성을 강조하는 유형으로 발전해 갔다.

학생, 직장인, 신혼세대 등 1~2인 세대의 증가에 따라 대체 집합주거 형식 및 교통편리 지역을 중심으로 자생적으로 발전한 것이 도심 내 주거형 오피스텔의 활성화 배경이다. 이후 2000년대 초 아파트 값이 고공행진을 하고 도심 및 신도시 중심지 등에 주택공급을 위한 주거용지들이 부족해지면서 업무시설로 용도가 분류되는 오피스텔이 서울 부도심권이나 분당·일산 등의 신도시 미개발 업무상업 용지에 주거가 가능한 형태로 설계되었다. 오피스텔의 단위세대가 대형화되면서 고급 주거복합과 유사한 주거 위상을 강조하기에 이르렀다. 오피스텔이 주거 기능을 하는 데 필수적인 것이 난방 가능 여부 및 화장실 면적 등에 대한 건설 관련 부처의 오피스텔 건축기준인데, 이는 부동산 시장의 부침, 주거 공급의 다소에 따라 여러 번 변화했다.

2006년에는 일정 면적 이상 바닥 온수난방이 허용되었고, 2009년에는 화장실의 크기가 5m²까지로 커지는 등 소형 주거로서의 기능이 가능해지는 방향으로 점차 변했다. 도시건축법상의 용도 구분, 세금제도상 과세 기

---

3 강순주 외, 「1-2인 가구의 라이프스타일과 소형주택 요구도에 관한 연구」, 한국주거학회 논문집 2011, p.121

준, 장수명화되는 건축물에 필요한 다양한 용도로 활용될 수 있는 용도의 유연성 등 여러 가지 이슈들이 얽히면서 오피스텔은 성숙해져 가는 주거 시장에 논란거리 중 하나가 되었다.

기존 주택지는 다세대형이나 원룸형, 다가구 등으로 급격히 변화해 소형 주거 및 상대적으로 저가의 주택들을 공급했고, 단독주택 유형들은 특히 수도권이나 도심권들에서는 급격히 줄어들었다. 고시원 등도 유사한 주거 유형으로 사용되는 경우가 늘어났다.

성숙해가는 아파트 위주의 주택시장은 한편으로 그 경관적 획일성과 도시 거주 지향성에 대한 반작용도 일어났다. 아파트 단지의 장점이 경제성, 관리 편의성, 보안 편의성 등이 대표적인 반면, 거주 형태의 획일성 및 벽이나 천정 바닥을 이웃과 공유하는 데서 오는 프라이버시 문제들은 심각하게 인식되었고 이를 벗어나고자 하는 바람들도 점차 커져갔다. 그러나 단독주택들을 위한 토지는 이미 품절 상태이고, 투자 가치로 보면 아파트에 비해서 상대 열위에 있다는 인식이 현실적이었다. 따라서 서울지역의 경우 단독주택 대부분은 다세대 및 다가구 형태로 변하였고 성북동, 한남동, 평창동 등 고급 주거 지역들이나 강남 일부 등에서만 남게 되었다.

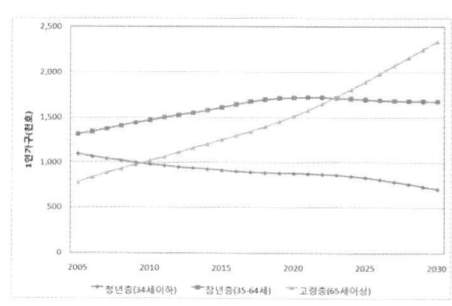

연령대별 1인 가구 추이(2005~2030)
자료 : 김진유, 주택시장 전환기의 도시개발 정책과제, 2011, p.53

이런 배경 하에 단독주택이 가지는 개별화의 장점과 공동주택이 가지는 관리 및 보안의 효율성이 결합된 '게이티드 커뮤니티' 콘셉을 갖는 단독주택 단지 및 타운하우스들이 교외 지역을 중심으로 성공적으로 자리잡기 시작했다. 〈파주 헤르만하우스(2005)〉, 〈기흥 아펠바움(2006)〉, 〈양지 발트하우스(2009)〉, 〈게이트힐스 성북(2009)〉 등이 그 사례들이다.

　〈파주 헤르만하우스〉는 타운하우스형이다. 블록형 단독주택 용지 개발 사례들은 공동주택과 단독이 유형적으로 결합된 형태였다. 발트하우스는 복층 구조의 단독주택 단지이며, 성북동에 입지한 게이트힐스 성북은 시내에 입지한 단독주택의 집합이다. 이렇듯 다양한 밀도의 개발 유형들이 기존의 아파트와는 다르게 테라스형, 단독형 등 다양한 주택유형을 결합한 공동주거로 자리를 잡아갔다. 또한 이러한 비아파트 주거단지들은 초기 시장에 정착하기 위해 대중적인 방향보다는 고급화, 차별화를 표방하였다. 2008년부터 입주를 시작한 〈양지 발트하우스〉는 이타미준, 유이화, 최문규, 김준성, 이민, 손진 등의 건축가들에 의한 개성있는 설계가 강조되었다. 2009년 〈게이트힐스 성북〉은 조엘 샌더스와 해안종합건축사사무소 설계로 건축가의 개성을 강조하는 주거 유형들이 되었다.

　〈기흥 아펠바움〉, 〈기흥 그린카운티〉 등 수도권에 위치한 교외형 단지 개발 사례들은 세컨하우스 성격을 가지는데, 골프장과 결합한 입지를 갖는 경우가 대부분이었다. 〈송도 잭니클라우스 골프빌리지〉 등 신도시 개발과 병행하는 사례도 생겨났다. 또한 〈원주 오크밸리〉, 〈용평 버치힐〉 등 용평, 제주, 설악권 등에도 유사한 주거단지 혹은 콘도미니엄 단지들이 생겨났는데, 주말주택이거나 은퇴주택의 성격이 강조되었다. 골프 스키 등 리조트와 같이 결합된 이런 유형들에서는 서구의 골프빌리지를 벤치마 킹하거나 서구식 리조트를 모사하는 경향이 강해 소위 리조트 양식의 복 제 설계가 선호되었다.

↖ 파주 헤르만하우스(자료 : http://www.hankyung.com)
← 양지 발트하우스(자료 : http://jaee.net)
→ 게이트힐스 성북(자료 : http://jaee.net)
↙ 기흥 아펠바움 골프빌리지
↘ 용평 버치힐(자료 : http://thefermata.net)

4.3 공동주택은 브랜드 : 브랜드화에 의한 아이덴티티 통합

지역 이름과 주택공급자인 건설회사 이름의 조합에서 출발했던 아파트 이름들이 건설사 고유의 브랜드들로 대체된 흐름에는 주거복합 건축물들의 강세가 중요한 역할을 했다. 1988년 동아 솔레시티, 1997년 삼성중공업 쉐르빌로 브랜드 개념이 등장한 이후, 아파트에 브랜드를 본격화한 것은 2000년 삼성건설의 '래미안'이 대표적이지만 실제로 주택시장에 브랜드의 고급 효과가 영향력을 발휘하기 시작했던 것은 이후 대우건설의 주상복합 브랜드 '트럼프월드'나 삼성건설의 '타워팰리스' 등의 성공 이후였다. 공공재적인 성격이 강했던 일반 공동주택은 그 공급과 분양절차가 주택 관련 법규에서 규정받는 데 반해 주거복합 건축물은 준주거 지역과 상업 지역 등에 도시주거형 모델로 공급되던 것으로 일반 공동주택의 설계, 건설, 공급 기준과는 다르게 건축허가에 의해 일반건축물과 같이 인허가와 분양을 할 수 있던 것이 2000년대의 상황이었다. 이전까지 70% 미만으로 주거 비율이 제한되던 이 주거복합에서 1999년 주거비율이 90%로 확대 가능하게 완화 적용되면서 소위 '주상복합'의 폭발적 증가가 2000년대 초반 가속화되었다.

　주거복합은 근대도시의 용도구분에 의한 도심공동화를 방지하기 위해 복합용도를 권장하는 도시개념에서 출발한 것이었다. 세운상가로까지 거슬러 올라갈 수 있는 주거복합들은 경제 개발시기에 도심권을 중심으로 꾸준히 공급되어 왔으나 주거성이 떨어지고 비주거 용도와의 부조화로 그리 활성화되지는 못했었다. 2001년 〈마포 오벨리스크〉는 이런 직주근접 성격에 바탕을 둔 주거복합 개발 사례에 속한다. 그러던 것이 주거비율 확대 계기로 분양가 자율화, 고층화 · 고급화 선호 경향 등과 동반하여 서울 여의도, 목동, 도곡동, 분당 등에 붐을 이루었다. 이런 곳들은 비주거의 30% 해당 용도를 지역이 지원하는 대형 유통시설로 운용하거나 주거형 성격이 강한 대형 오피스텔로 개발 시에도 수요층이 있는 곳이라는 특성이 있었다. 공급 택지가 부족한 중심지에 고가주택화하는 경향으로 변해갔고, 이를 기존 아파트들과는 차별화되는 브랜드 중심으로의 단위세대들 및 부대시설들을 고급화하여 만들어진 것이 2002년 66층의 〈타워팰리스〉, 41층의 〈트럼프월드〉 등이다. 많은 경우들이 맨하튼이나 시애틀, LA, 시카고 등지의 고급 주거복합 유형들을 모델로 하였기에 현대적인 고층건물 유형으로 설계되었으나 일부는 유럽식 빌라 등 서구 귀족사회의 커뮤니티 이미지를 브랜드화하기 위해 서구의 복고적 양식을 의도적으로 재현하기도 하였다.

고급주거라는 인식을 심어준 주거복합들은 2007년 금융위기 이전까지 부동산 개발의 붐을 타고 수도권을 벗어나 전국적으로 대중화 및 지역화되었다. 부산, 대구, 울산 등지의 부도심권 지방도시권으로의 확대되었고, 브랜드에 입각한 시설 고급화 방향뿐 아니라 차별화된 주거 가치로서

← 타워팰리스(자료 : http://www.jennyhouse.info)
→ 여의도 트럼프월드

수변 등 자연경관을 강조하는 것이 결부되어 고가의 초고층 주거복합 설계가 성행하였다.

이제 주거복합의 브랜드화에 힘입어 일반 공동주택도 브랜드를 강조한 주거 상품화 전략으로 성숙한 주거시장 분양에 대응하기 시작했다. 초기의 브랜드 공동주택들은 2001년 준공된 솔레시티처럼 지상주차장을 배제하고, 지상 대부분을 조경공간으로 강조하는 경향을 보였고, 이 경향은 이후로도 지속되었다. 2000년대 이전 소위 '판상형'으로 대표되던 아파트가 2005년 이후로는 절반 이상이 탑상형으로 바뀌었고 그 평면 유형도 다양해졌다. 동일 면적 대비 전면 베이수의 증가, 발코니 면적의 증가, 주거동 형식이 계단실형으로 통일되는 등 $60m^2$, $85m^2$ 등 그룹화된 주택공급면적의 범위 내에서 최대의 부가면적과 거주성을 제공하는 방향으로 평면을 설계하였다. 특히 이런 동일 기준면적 내의 유효 평면 확보 경쟁은 발코니를 최대로 확보하고 실내화하는 방향을 심화시켰다. 또 법령 기준 이상의 부대시설 설치로 편의성을 강화하여 브랜드를 강조했다. 아파트의 특성상 다양한 세대를 도입하여 매스의 변화를 시도하기 어렵기 때문에 지붕과 저층부를 강조하는 디자인 요소를 장식적으로 부가하는 방식이 주로 사용되었다.

건물의 다양성 제한은 또 한편으로 인테리어 요소, 게이트, 담장, 관리건물, 부대건물, 조경시설물 등 단지의 여러 환경 요소들은 추가로 개발하게 하고, 외관의 장식적 요소, 색채계획 등과 함께 통합하여 환경계획이라는 형태로 브랜드별로 매뉴얼화하였다. 전반적으로는 브랜드화에 걸 맞는

경쟁력 있는 '주거상품' 개발 노력이 가속화되었고 새로운 평면유형, 부대
시설 의장, 통합디자인, 공간디자인 등에 대해 저작권 및 의장등록 등이 추
진되기도 하였다.

브랜드의 '명품' 화 마케팅 경향은 주택시장의 어려움과 함께 더 강
해져서 해외 유명 건축가들을 참여시키는 경우가 늘어났다. 2007년 부산
〈수영만 아이파크〉에 다니엘 리베스킨트가 참여한 경우나 같은 시기 〈수
영만 위브더제니스〉에 디 스테파토 설계를 강조한 경우가 그러했다. 그러
나 한국적인 실정을 충분히 반영하지 못한 커튼월 위주의 외관이나 적은
방 개수와 가능한 평면 및 외기에 면한 면적 협소 등으로 거주성에서는 좋

↖ 수영만 아이파크
↗ 수영만 위브더제니스(자료 : http://www.fnnews.com)
↙ 르 시트 빌모트
↘ 오보에 힐스(자료 : http://www.hankyung.com)

은 평가를 받지 못하는 경우가 많았다. 갤러리아 포레의 경우 한 세대의 인테리어를 디자인한 장 누벨이 주요 마케팅 포인트가 되었고, 장 미셸 빌모트가 참여한 2005년 〈르 시트 빌모트〉는 단지 이름이 건축가 이름을 포함하였다. 재일교포 이타미준(유동룡)이 2009년 평창동에 설계한 〈오보에 힐스〉는 해외 건축가로서 그의 이름을 적극 홍보하고 있다.

4.4 신문에 나온 집 : 주택 관련 시상과 상품화 경쟁

브랜드 경쟁의 치열함을 보여주는 극적인 사례는 각종 주택 관련 시상이다. 건축가협회나 건축사협회가 주최하는 대표적인 건축상에 건축작품으로서 소형 주택들은 지속적으로 포함되었는데, 1990년대까지는 공동주택의 예를 찾기는 어려웠다. 2000년 대한건축사협회가 주관하고 서울신문이 후원하는 한국건축문화대상의 준공부문에 분당 월드타운하우스가 입선하였다. 이는 중견 건설회사인 월드건설이 한울국제 설계로 출품한 것인데, 브랜드의 열세를 설계 차별화와 시공 완성도로 극복하고자 하였다. 이후 공동주택 수상은 증가세를 보였고, 2007년부터는 한국건축문화대상에서 공동주택 부문을 신설하여 공동주거 부문과 일반건축 부문을 세분화해 시상하고 있다.

분당 월드타운하우스

2006년부터는 은평 뉴타운을 시작으로 주거 부문에도 공공발주인 턴키 제도를 도입하였다. 이는 당시 민간시장에서 분양 호조를 보이는 민간기업들의 브랜드 아파트를 공공주택 단지에 적극 도입하기 위한 것이 배경 중의 하나였다. 건설사끼리 경쟁하는 공공 발주 입찰의 성격상, 각 브랜드들은 건축상 수상 실적을 통해 자기 브랜드의 실질적인 차별성과 우월성을 증명하는 효과를 노릴 수 있었다. 주요 언론 매체들마다 경쟁적으로 주거 관련 시상제도를 도입하기에 이르렀고 이는 브랜드 강화를 위한 홍보 증가 경향과 발맞추어 나갔다. 1997년부터 가장 먼저 시작하고 매체 영향력이 커져 갔던 매일경제 주관의 '살기좋은 아파트' 등은 대표적인 공동주택 브랜드 경쟁의 자리로 자리매김해 갔다. 2002년 이후 한국경제 '주거문화대상', 머니투데이 '주거서비스대상', 헤럴드경제 '그린주거문화대상', 아시아경제 '아파트브랜드대상' 등 거의 모든 경제신문사들이 주거와 아파트 브랜드라는 이름으로 시상제도를 운용하기 시작했다. 이러한 경쟁 상황은 실제로 수상을 염두에 두고 아파트 디자인을 다양화하거나 거주성 편의성을 증대하려는 효과를 가져오기도 했다. 한편으로는 브랜드 홍보에 의해 분양성을 제고해야만 하는 어려워진 주택 공급 상황을 반증하는 것이기도 했다.

4.5 순수와 열정 사이 : 친환경적 접근을 통한 거주 성능 및 브랜드 경쟁력 강화

공공분야 공동주택들이 상암, 은평 등의 단지를 필두로 도시 차원에서 친환경 단지에 대한 진지하고 순수한 고민을 시도하기 시작한 2000년대의 경향과 달리 민간부문에서는 친환경에 대한 것이 브랜드 강화를 위한 피상적인 열정에서 출발하는 듯 보였다. 인공지반 위에 조경 면적을 확대하거나 차량과 보행을 이 인공지반을 이용해 분리하여 보행중심의 편의성을 증대시키는 방향을 친환경으로 표방하는 피상적 친환경에서 출발하였다.

한편으로는 디자인과 성능의 갈등이 표출되었다. 조경 면적의 확대와 단지와 주거동 차원의 개방감을 극대화하기 위해, 또 외부에서의 개방적 경관 요구로 인해 주거동들을 고층화하고 단지 내 동수를 줄여 나갔는데, 이로 인해 탑상형 주거동 유형이 증가하여 필요 이상의 고층화 경향이 촉발되었다. 또 일조 환기 등의 요구 증대로 주거동 평면이 개방적인 모서리를 최대화하도록 요철이 증가하는 방향으로 설계가 발전되어 열적으로는 불리하고 건물을 균형 있게 디자인을 하기는 오히려 제약이 많아지게 되었다. 거주성능 확보를 위한 평면의 전개와 주거동 디자인의 조화는 잡기 어려운 두 마리 토끼처럼 설계자들에게 인식되었다.

2006년 알 고어가 출연한 다큐멘터리 '불편한 진실'로 대변되었던 탐욕스런 인간의 탄소 배출에 의해 죽어가는 지구에 대한 윤리적 문제의식 그리고 2005년 토마스 프리드먼이 저술한 '세계는 평평하다' 이후 세계적 화두가 된 에너지의 정치·경제적 문제가 이제 전면에 등장하게 되었다. 즉 친환경의 핵심으로서 자연 귀의적이고 생태학적인 접근보다는 화석연료 사용을 대체하는 에너지 절약 방안을 중요하게 인식하게 된 것이다. 오직 재생에너지가 미래의 생존을 결정하는 것으로 극적으로 사람들 인식에 자리 잡았고, 탄소 발자국 저감을 위한 크고 작은 노력들은 모든 지적인 행위를 대변했다. 자원의 순환적 활용, 운영 에너지의 감축, 재생에너지의 생산 등이 공동주택 마케팅에 있어서도 소구점이 되었다. 각 브랜드들은 친환경 성능 강화를 주요한 방향으로 설정하고 본질적 접근을 하게 되었고, 삶에 대한 사람들의 태도 변화에 부응하는 방향으로 시장이 전환하면서 친환경에 대한 브랜드 마케팅의 열정이 순수한 친환경 성능의 확보와 조우하게 되었다.

5. 결어

1997년의 외환위기와 2007년의 금융위기를 전후한 시기였던 2000년대에 공동주택은 경기 활성화를 위한 정책 수단의 주요 대상으로 확대와 억제의 롤러코스터를 타는 시기를 보냈다. 초반에는 경기 부양을 위한 꾸준한 공급 확대와 신도시 확대 정책의 대상이었다. 아파트는 거주의 대상물이라는 관점을 훨씬 넘어섰고, 오히려 불패의 부동산 투자 대상이라는 인식이 일반적이었다고 할 수 있는 시기였다. 아파트의 선택은 자산가치의 증식과 등호가 성립되었고, 따라서 부동산 가치 안정화를 가져오고 거품을 막기 위한 다양한 정책들이 냉온을 거듭하게 되었다. 2007년 금융위기 이후로 실물가치가 뒷받침되지 않으면서 인구 성장에 근거하지 않던 입지 경쟁적이고 맹목적인 부동산 편향 열풍은 한풀 꺾였고, 후반기에는 성장에 대한 불투명한 전망 속에서 정말 필요한 주거유형이 무엇이냐에 대한 필사적인 고민과 시도들이 이어졌다.

1990년대의 1기 신도시 이후 2000년대의 2기 신도시들이 본격 추진되면서 작동 가능한 도시에 대한 고민과 지역 간 도시들의 경쟁력을 고민하는 것이 두드러졌다. 성장의 둔화 가능성에 대한 인식이 차차 가시화 되면서 이러한 새로운 도시들, 단지들, 단위세대들, 거주 유형에 대한 고민이 점증했다. 신도시들은 자족도시로 생명을 유지시킬 내부의 거점기능들과 도시의 디자인 방향을 놓고 어떻게 다른 도시들과 차별화할지 고민했다. 주택유형들은 타운하우스로, 펜션으로, 블록형 단독주택으로, 골프빌리지로, 또 다양한 도심형 거주형태로 다변화하기 시작했다. 2000년대는 양적으로 공동주택 단지 시대에 대한 정점을 이루었다. 또 브랜드의 융성으로 인해 비교적 단일한 아파트라는 주거 유형 내에서 질의 극대화를 도모했다는 면에서도 공동주택 시대의 정점을 찍었다. 다양한 유형으로 변화해갈 필요에 대한 고민들이 커지고 실제로 다양성 증가가 역동적으로 가시화되는 면에서도 이 시기는 거주의 다변화 시대라 할 만했다.

공동주택은 이 시기에 질적인 변화를 맞았다. 정책적으로는 도시 경쟁력을 높이기 위해 공동주택 유형을 다양화하거나 디자인의 업그레이드를 이끌기 위한 총괄건축가(MA; Master Architect) 제도, 총괄계획가(MP; Master Planner) 제도 등이 이어졌다. 건축문화로서, 건축예술로서 인식하게 하기 위해 익명의 건축에서 건축가의 건축으로 자리매김하려는 현상설계들도 이어졌다. 민간 분야에서는 브랜드의 이름으로 질적인 변화를 드러냈다. 주거복합이 고급 도심형 주거의 전형으로 인식되었고, 치열한 주택시장 경쟁상황 하에서 주택 공급자인 각 건설사들은 디자인과 부대시설 등을 차별화하고 통일된 이미지를 이어가는 브랜드 구축에 공을 들였다. 브랜드별로 다양한 양식들이 시도되었고, 유사한 아파트 유형에 다양한 시대와 지역의 스타일들이 입혀졌다. 해외 건축가들의 설계를 강조하여 이국적이고 차별화된 이미지를 가지려는 경향도 두드러졌다. 모든 공동주택이 건축작품의 지위를 누릴 수는 없었지만 분명 환경은 달라졌다. 여타 건축가의 건축작품에서 요구되는 완성도를 기대하지는 못해도 건축상에도 공동주택 분야가 자리잡았고 공동주택을 심의하는 상향된 기준들은 이제까지 천편일률적이라 비판받던 공동주택이 적어도 부가적인 디자인 요소들로는 다양화되는 시기를 맞게 되었다. 공동주택은 공급 위주에서 경쟁하는 상품으로 그리고 건축문화로 이해되기 시작했다.

사람들의 주택에 대한 기대치도 이해수준도 높아졌다. 높아진 소득수준, 동일한 유형에 매몰되는 것에 대한 염증, 라이프스타일과 착한 삶에 대한 인식의 고양으로 주택에 대한 기대치는 다양해졌다. 친환경적인 관점은 그중 가장 중요한 부분을 차지하였다. 사람들은 이제 건강한 삶, 한편으로는 친환경적인 삶이 절체절명이며 고상한 것이라고 이해하기 시작했다. 또 시장은 그것에 관한 지침을 요구했고 환경적 · 경제적인 생존의 문제로 인식했다. 무조건 단지에 나무가 많다고 강조하는 것에서부터 시작해서 에너지를 덜 쓴다는 것을 강조하는 것이 공동주택의 상품성일 뿐 아니라 바른 방식이라 여겨지기 시작했다. 공동주택의 대량공급 시대, 공동주택의 다양성 증대 시대에서, 2000년대의 말미에는 순수와 열정이 결합하는 건축문화가 되기를 고민하는 공동주택의 시대로 변하기 시작했다.

참고문헌

- 대한주택공사,『공동주택 한옥디자인』, 2009
- 「발코니 구조변경 관련 건축법시행령」, [대통령령 제19163호, 2005.12.2]
- 발코니 등의 구조변경절차 및 설치기준, [건설교통부 고시 제2005−400호, 2005.12.8]
- 『상암 새천년 신도시 조성계획』, 한국건축가협회 홈페이지, 2002. 4.4
- 서울특별시 건축위원회 공동주택 심의기준, 2008.6.1
- 강순주, 김진영, 함선익, 권윤지,『1~2인 가구의 라이프스타일과 소형주택 요구도에 관한 연구』, 한국주거학회논문집, 2011.2
- 권영덕,『초고층주택의 보완과제와 개선방안』, 서울시정개발연구원, 2007.12
- 김민형,『중소 건설업체의 해외시장 진출 실태분석 및 활성화 방안』, 한국건설산업연구원, 2005. 12.22
- 김영진,『민간참여 도시개발사업의 지연요인과 활성화 방안에 관한 연구』, 서울시립대학교 도시과학대학원 석사학위 논문, 2008.2
- 김용호,『브랜드 아파트의 공간구성 및 평면특성과 소비자 선호도에 관한 연구』, 인하대학교 공학대학원 석사학위 논문, 2007.2
- 김유나,『1990년대 중반 이후 현상설계 아파트 평면계획의 변천에 관한 연구』, 서울산업대학교 주택대학원 석사학위 논문, 2010.2
- 김인자,『MA 제도와 뉴타운 사업』, 월간 문화연대, 2004
- 김진유,『주택시장 전환기의 도시개발 정책과제』(주제발표), 주택산업연구원 2011년 정기 세미나 자료
- 김찬호,『주택산업 대응전략 및 주택정책 방향』(주제발표), 주택산업연구원 2011년 정기 세미나 자료
- 남상국,『SH공사의 아파트 브랜드 개선방안 연구』, 서울시립대학교 석사학위 논문, 2009
- 박성곤, 최상헌,『브랜드 아파트의 차별화를 위한 특화요소에 관한 연구』, 한국실내디자인학회 학술발표대회논문집, 2010.5
- 박은병,『주택정책』, 국가기록원 나라기록 홈페이지, 2006.12.1
- 배선영,『발코니 공간의 특성과 의미에 대한 연구』, 한남대학교 대학원 건축공학과 석사학위 논문, 2007.2
- 백재현,『도시개발사업의 MP제도 도입방안에 대한 연구』, 안양대학교 대학원 도시정보공학과 석사학위 논문, 2007. 12.
- 석주화,『MA 방식에 의한 파주운정 마스터플랜』, auri forum 발제 자료집, 2008.11
- 심우갑, 유해연, 이상학, 민치윤,『국내 타운하우스의 계획방향 연구』, 대한건축학회논문집, 2007.10
- 유해연, 박연정, 심우갑,『강남구 주거용 오피스텔의 현황 및 특성에 관한 연구』, 대한건축학회 논문집, 2009.6
- 이홍일, 박철한,『중장기 국내 주택시장 전망, CERIK 건설이슈포커스』, 2011.5.30
- 조상규, 이진민,『저탄소 에너지절약형 공동주택 디자인을 위한 정책방향 연구, 건축도시공간연구소』, 2010
- 조인창,『민간도시 개발사업 사례, 대한국토도시계획학회 춘계산·학협동 학술대회』, 2007

건축

2000 2001 2002
2003 2004 2005
2006 2007 2008
2009

11장

대형화하는 건축프로젝트들
: 메가스케일, 글로벌화, 발주방식의 변화

조원준 | DA그룹 부사장, **권 영** | DA그룹 상무

1. 프로젝트 대형화의 배경

한국 건축계는 새로운 밀레니엄을 IMF의 충격에서 미처 헤어나오지 못한 채 맞이했다. 그 이전에는 통상 건축의 공공적 역할과 미적 양식의 차별성을 통해 규정되던 건축프로젝트들은 이제 IMF가 몰고 온 경제적 패러다임의 영역에 포섭되고, 그 효용성에 있어서도 새로운 기준과 역할을 부여 받게 되었다.

이른바 건축프로젝트의 대형화는 건축 설계의 범주와 평가 영역이 건축계의 경계를 벗어나 보다 경제적이고, 사회적인 영역, 심지어 더 나아가 미묘한 정치적인 함의를 지닌 대상으로 전환되었음을 보여주는 것이다. 2000년대 들어 건축프로젝트의 대형화를 가능하게 만든 건설산업의 전반

적 환경을 살펴보면 다음과 같다.

첫째, 건설산업을 둘러싼 경제적 관점의 변화이다. IMF 이후 건설산업 전반은 경기부양을 위한 건설경기 활성화라는 보다 거시적인 규모의 국가 정책적 틀 안에서 규정되기 시작했다. 경제학적 관점에서 건설산업은 경기의 선도적 역할을 수행하며, 동시에 고용 창출의 효과가 크고 즉각적이라는 특징이 있다. 따라서 대규모 공공 건설사업을 신속하게 수행하여 경기 활성화를 기대하는 것은 정부로서 지극히 당연한 정책적 판단이다. IMF 직후 국민의 정부와 참여정부를 거치면서 주택 및 부동산 정책과 연계된 산업 활성화 정책들과 대규모 프로젝트들은 경기순환에 따른 속도 조절이 있었을지언정 전반적으로 확대되는 경향을 보여왔다.

둘째, 정책적 성과의 과시로써 공공영역에서 대형 건축프로젝트의 효용성을 확인하였다는 점이다. 경기 활성화 수단으로 사용되던 행정단위의 토목건설 프로젝트는 중앙 및 지방정부의 정책적 지향점의 변화에 따라 프로젝트의 성격 또한 달라졌다. 예를 들어, 참여정부에서는 수도권 집중 억제 및 지방 분권화 추진을 목적으로 하는 혁신도시 및 행정중심복합도시 개발 등이 주요 정책적 프로젝트였다면, 서울시를 비롯한 수도권 주요 지방정부 등에서는 다수의 '디자인 서울' 및 'OO르네상스' 프로젝트와 '경제자유구역' 개발 등 각각의 자치단체가 처한 상황에 따라 상이한 정책적 프로젝트를 수행하였다. 그러나 '도시 경쟁력' 등을 명분으로 개별적 프로젝트가 목표 했던 본질적 지향점이 상이한 것과 무관하게 대부분의 프로젝트들은 결과적으로 규모의 대형화를 추구하게 되었다. 이는 중앙정

부든, 지방정부든 단기적 성과가 필요한 정책사업을 임기 내 가시적 결과
물로 보여주고자 하는 정치적·정책적 의지가 투사된 결과라 할 수 있는
데, 신속하고도 효과적인 사업 수행을 위해서는 발주단위의 대형화와 차
별화된 디자인을 신속하고도 효율적으로 선택할 수 있는 발주방식의 결정
을 통해서만이 가능해지기 때문이다. 거꾸로 말하면 프로젝트의 대형화
경향은 공공발주 프로젝트의 성격이 보다 정치적인 성과물로 포장될 수
있음을 보여주는 사례라 할 수 있다.

셋째, 민간 영역을 볼 때 건설산업계 전반이 선진화·고도화 되기 시
작하였다. 대형 건설사들은 기존 단순도급사업 위주로 진행되던 업무방식
에서 벗어나 설계시공 일괄입찰방식인 턴키(Turn-key)입찰 방식이나 투자사
업의 하나인 공모형 프로젝트 파이낸싱(Project Financing) 사업 등과 같이 보
다 높은 수익성을 보장할 수 있는 복합적이고 선진화된 사업방식으로 점
진적인 변화가 이루어졌다. 동시에 IMF를 맞으면서 보다 높은 수익을 창
출할 수 있는 투자사업모델의 확보가 필요했던 금융권의 자본력과 만나
보다 선진적인 방식의 다양한 건설사업모델이 도입되기 시작했다. 이러한
프로젝트의 경우 고도의 기술력을 필요로 하는 대규모 시설이거나 도시적
스케일의 대형복합용도의 시설인 것이 대부분이다. 설계사무소 역시 전문
화되고 고도화된 민간영역의 사업방식에 발맞추어 새롭게 등장한 시설 유
형 및 발주방식에 걸맞는 설계역량을 확보하지 않으면 시장에서 도태될
수밖에 없는 상황을 맞이하였다.

넷째, 대형 프로젝트의 기반이 되는 도시건축의 법적·제도적 기반이

되면서, 도시 규모의 대형 프로젝트를 체계적으로 다룰 수 있는 지구단위
계획 등 도시 및 건축법규의 제도적 기반이 마련되기 시작하였다. 지구단
위계획은 기존에 유사한 제도의 중복 운영에 따른 혼선과 불편을 해소하
기 위하여 종전의 도시계획법에 의한 상세계획과 건축법에 의한 도시설계
제도를 도시계획 체계로 흡수·통합한 것이다. 이로써 대규모 프로젝트를
필지단위가 아닌 도시 및 건축적 스케일을 포괄하는 통합적이고 유기적인
관점에서 체계적으로 관리하는 것이 가능하게 되었다. 또한 2001년 택지
개발촉진법 개정에 따른 토지의 수의계약이 가능해짐에 따라 공공 및 민
간이 주도하는 개발사업의 전제가 마련되었다.

다섯째, 기념비적 건축프로젝트의 요구가 대형 프로젝트의 형식으로
실현되었다. 기념비적 건축프로젝트에 대한 요구는 어느 시대에나 있어
왔지만 2000년대 이후 한국 건축계는 이전 시기와는 질적으로 다른 새롭
고 다양한 유형의 기념비성을 요청받았다. 2002년 한·일 월드컵 등과 같
은 국가적 행사, 노들섬 오페라하우스 등과 같은 도시경쟁력 강화를 위한
공공의 요구, 대도시를 중심으로 한 초고층 건축물의 건축 러시 등이 바로
그것이다. 이전 시대에 있어서 기념비적 프로젝트들이 권위주의적이고 경
직된 엄숙함에 갇혀 있었다고 한다면, 새로운 시대의 기념비는 도시 속에
서 시민들이 공유할 수 있는 열려있는 랜드마크이기를 원했다. 따라서 최
근의 기념비적 건축프로젝트들은 도시적 생활에서 관찰되는 공공적 성격
의 프로그램을 건축적 단위에 녹여넣는 방식을 통해 새로운 시대의 기념
비를 만들고자 한다.

　　마지막으로, 대형 건축프로젝트를 통한 해외건축가의 작품활동이 활발하게 전개되었다는 점이다. 복잡하고, 고도화된 대규모 건축물 설계를 발주하는 입장에서 해외건축가는 국내 건축설계사무소에 비해 실질적 설계업무 역량 측면에서뿐만 아니라 작품의 기념비적 성격을 더욱 강조해줄 수 있기에 선호되었다. 뿐만 아니라 프로젝트의 창의성과 다양성을 확보하기 위해 시행되던 아이디어현상공모나 지명을 통한 단계별 현상공모 등이 해외건축가를 주요 타깃으로 삼아 진행하면서 해외 유명건축가가 국내 프로젝트에 접근할 수 있는 참여의 길이 한층 더 넓어지게 되었다. 이러한 건축프로젝트의 글로벌화 경향은 이전 시기에 비해 공공뿐만 아니라 민간영역에 이르기까지 매우 폭넓은 영역으로 진행되었으며, 특히 대형 건축프로젝트에서 두드러진 특징으로 나타났다.

　　정리해보면 2000년대 들어 한국 건축계는 건축설계산업을 경제적 단위의 일부로 편입시키기 위한 경제적 기반 및 자본이 확충되면서 국토의 균형발전과 기존 도시기능의 수복에 대한 필요성에 답하는 각종 제도가 정비되어 대규모 개발단위 사업의 토대가 완성되었으며, 이러한 기반 위에 도시미관을 장악하는 메가스케일의 건축물이 구축될 수 있는 기회가 확보되었다. 대부분의 경우 새로운 발주방식의 혜택을 입을 수 있는 대형 설계사무소와 당시 WTO 체제 하에서 문호가 개방된 해외건축가들에게 그 기회가 돌아갔으며, 이는 한편으로는 국내 설계환경의 글로벌 스탠다드화를 이루고, 더 나아가 적극적인 해외진출로 이어진 반면, 국내 건축디자인의 정체성의 문제와 설계업무의 종속성에 심각한 의문을 제기하기도

하였다. 이러한 모든 결과가 자연스러운 이행과정을 거쳐 이루어졌다기보다는 대외적인 환경의 변화를 통해 강제적이고도 신속하게 이루어졌다는 점에서 이후 건축설계 업계의 양극화를 가져오는 데 일정부분 영향을 끼쳤다고 볼 수 있다.

　2000년 이후의 건축산업 전반의 경향은 국내 사회, 경제적인 환경이 급격한 변화만큼이나 크게 질적, 양적 변화를 경험하게 되었다. 본 고에서는 위의 여섯 가지 요인들 중 특히 발주방식의 다양성에 따른 변화와 대규모 프로젝트의 디자인 공공성, 건축설계시장의 글로벌화 등의 세 가지 키워드를 통해 실제 대형 프로젝트에서 위와 같은 환경의 변화들이 어떠한 건축적 결과를 가져왔는지 사례[1]들을 통해 살펴볼 것이다.

2. 턴키입찰 발주 방식을 통해 본 대형 건축프로젝트

2.1 턴키입찰 발주 방식의 활성화

2.1.1 턴키입찰 발주 방식의 정의와 현황

1990년대 이후 국내 건설공사는 점차 대형화 및 복합적인 기술을 요구하게 되고 건설시장이 개방됨에 따라 건설사업의 기획, 설계, 시공운영, 유지관리에 이르기까지 연관된 업무를 일괄적으로 수행할 수 있는 사업추진 체계를 요구하게 되었다. 1975년 처음 도입된 "설계시공일괄입찰"(이하 "턴

---

1 본 고에서 다루는 대규모 건축프로젝트는 연면적 약 30,000㎡ 이상을 대상으로 하며, 공동주택은 제외하였다. 언급되는 각각의 사례는 지난 10년간의 주요 대형프로젝트 중 가능한 한 큰 범주 내에서 대표성을 가진 프로젝트로 한정할 것이다.

키" 또는 "턴키입찰") 방식은 설계 및 시공에 있어서 일관된 품질을 확보가능하며, 대규모 공사의 신속한 사업시행이 가능하다는 점에서 공공에서 발주하는 대형 건설공사에 적합한 방식으로 '국가를 당사자로 하는 계약에 관한 법령'에 규정되어 있는 제도이다.

정부는 국가경쟁력 제고 차원에서 1996년 "턴키공사 활성화 대책", 1999년 "공공사업 효율화 추진대책" 등 활성화 대책을 연이어 발표했으며, 이에 따라 1990년대 후반부터 턴키입찰 방식을 적용하는 프로젝트의 규모와 발주 건수가 눈에 띄게 늘어나기 시작하였다. 공동주택 분야에 있어서는 2000년대 초반 은평뉴타운을 시작으로 활성화되기 시작하였으며, 일반 건축물 분야에서는 서울시청사와 같은 공공청사, 월드컵 서울 경기장과 같은 스포츠 시설 그리고 교육연구시설 및 군사시설 이전 등 다양한 분야에서 점차적으로 발주량이 증가하기 시작하였다. 2010년에 이르러서는 전체 공공공사 수주금액의 26% 정도를 차지하였다.

2.1.2 턴키입찰 방식의 문제점

2000년대 들어 양적인 확대가 진행된 턴키입찰 방식을 둘러싸고 대형건설업체를 중심으로 수주를 독식하고 경쟁이 과열됨에 따라, 업체선정평가의 투명성, 전문성 제고 등에 대한 요구와 선정평가항목인 설계평가, 당해공사 수행능력평가 및 입찰가격평가 등에 대한 문제제기가 지속적으로 있어 왔다. 그러나 턴키입찰 방식의 보다 본질적 문제점은 건설과정에서 일어날 수 있는 불확실성으로 인한 공사기간 및 계약금액의 증가 가능성을 사전에 제거하고 회피할 수 있다는 턴키방식의 장점이 현실에서 잘 작동하고 있지 못하다는 사실이다. 특히 발즈자의 불충분한 사업역량으로 인해 발생할 수 있는 건설공사 내의 위험부담이 결과적으로 계약자에서 전가되는 방식으로 활용되고 있는 것이다. 이는 결국 발주처가 사업발주 단계에서 충분히 예측하지 못한 사항이 턴키낙찰 이후에 발생할 때, 이로 인해 계약자는 불필요한 설계변경 요구 등으로 나타나게 되며, 결과적으로 전체 사업비의 상승을 가져올 수 밖에 없는 구조이다. 실제로 시청사 등 공공기관과 같이 랜드마크 성격을 가진 건축프로젝트를 수행할 경우 발주자는 제한된 예산한도 내에서 최고의 작품을 만들겠다는 의도로 턴키방식을 선호하지만, 2000년대 이후의 다수 공사에서 발주한 턴키프로젝트들을 살펴보면 발주자의 사업추진 역량에 따라 사업리스크 저감 및 신기술 신공법 채용, 사업비 절감 등의 턴키입찰 방식의 본질적 목적이 제대로 구현된 프로젝트는 별로 많지 않다. 오히려 턴키입찰 방식은 높은 진입장벽을 통해 입찰가격을 높게 유지하면서도 심사 항목의 과도한 세부화와 일방적인 정량평가 탓에 변별력을 가진 프로젝트를 선정하는 데 실패하고 동시에 잦은 설계변경으로 인해 오히려 사업비 증가가 빈번하게 나타나고 있다는 비판이 나오고 있는 실정이다.

또한 설계사무소의 입장에서 보면 국내현실에서 작동하는 턴키제도는 또 다른 근본적 문제점을 가지고 있다. 그것은 국내의 시행되는 턴키입찰 과정의 현실을 볼 때 대형 건설사 주도의 컨소시엄에 한정적 역할만 담당하는 설계사무소가 창의적인 설계를 구현하기에는 그 역할이 종속적이며 매우 제한적이라는 점이다. 일반적인 턴키입찰에서 낙찰자 선정방식은 설계평가, 공사수행능력평가, 입찰가격심사라는 세 가지 항목을 평가하도록 되어 있는데, 이 중 설계 및 공사수행능력평가 항목의 변별력이 충분히 확보되지 않은 상태에서 입찰가격은 가장 중요한 변별적 포인트가 되었다. 이로 인해 설계의 창의성이 건설사가 제시하는 입찰가격이라는 경제적 범위 하에 제한될 수밖에 없게 되었다. 설계-시공 분리 발주방식에 비해 건축가의 창조적 의지가 개입할 여지가 줄어들면서 엔지니어링 차원의 설계 품질이 향상되었을지 몰라도 건축디자인의 전반적 향상을 기대하기는 어렵다는 단점이 턴키제도에서 발견된다. 이는 결과적으로 턴키입찰 시점의 디자인만으로 차별화에 실패할 경우 설계안만 따로 공모하는 비생산적인 방식의 추가적인 사업추진으로 나타나기도 한다.

2.2 턴키입찰 방식의 주요 프로젝트와 시사점

2000년 이후 턴키입찰 방식으로 설계된 주요 프로젝트를 살펴보면서 위에서 언급한 턴키발주제도를 통한 대규모 프로젝트의 수행과정에서 나타나는 특징과 문제점을 보다 자세히 비교해본다.

① 서울 상암월드컵경기장
한·일월드컵 경기를 준비하는 과정에서 10개의 월드컵경기장의 소재지가 논란 끝에 1998년 5월에 이르러서야 결정되었다. 이는 국제축구연맹(FIFA)이 정한 2001년 말까지 43개월이라는 짧은 기간에 공사를 마쳐야 하

는 공기의 긴박성으로 인해 서울, 제주, 광주, 전주 등의 경기장에 대해서는 턴키발주 방식이 채택되었다.

이 중 상암월드컵경기장은 서울 서부 개발의 핵이며 기존에 쓰레기 더미였던 난지도를 거대한 생태공원으로 탈바꿈시키는 서울의 새로운 오픈스페이스의 구심점을 만드는 프로젝트였다. 또한 대회를 위해서 기본적으로 64,000여 관중석과 보조 경기장, 100여 개의 멤버십 룸이 필요하며, 대회 이후에도 10여 개의 영화관, 4,500평 규모의 할인점과 쇼핑몰 및 전문식당가, 수영장을 포함하는 실내스포츠 시설이 들어서게 되는 대규모 다목적 복합공간으로 활용될 예정이었다. 짧은 공기와 경기장 건축의 기술적 난이도, 다양한 프로그램의 복합이라는 어려운 과제를 빠른 시간 내에 소화하기 위해서는 턴키입찰에 의한 발주가 최상의 방법이었으며, 실제로 착공이 다른 경기장에 비해 다소 늦었음에도 불구하고 비교적 여유있는 공정으로 마무리할 수 있었다.

시공과정에서는 주변지역과 사이트에 대한 토목공사를 먼저 실시하면서 동시에 상부 및 마감공사의 설계를 병행 추진하는 패스트 트랙 방식이 적용됐으며, 공사관리는 발주자인 지방자치단체가 직접 맡지 않고 건설공

상암월드컵경기장

사를 전문적으로 관리하는 업체에게 맡기는 소위 CM방식을 도입하여 사업의 효율성을 제고시켰다. 특히 방패연을 연상시키는 지붕의 조형적 상징성을 건축적으로 해결하기 위해 고난이도의 막구조 계산과 구조설계는 미국의 구조설계사무소에서 수행했고, 재료는 테프론 유리 섬유막을 이용하여 시공함으로써 설계자 류춘수의 바람대로 거대한 방패연 모양의 막구조 지붕을 성공적으로 완공시킬 수 있었다. 또 설계 초기 단계에는 원형이었던 경기장 스탠드를 설계 진행 과정에서 PC-콘크리트로 시공하는 데 용이하도록 직선화시킴으로써 공기를 단축하고 사업비용의 상승을 줄이는데 일조하였다.

이처럼 서울 상암 월드컵경기장은 공기의 단축, 사업비용의 절감, 고난이도의 신기술 설계 기법 적용 등 턴키 제도를 대규모 국가적 프로젝트에 적용했을 때 가질 수 있는 여러 가지 장점을 극대화시킨 모범적인 사례로 평가된다. 결과적으로 대회 이후에도 복합 문화상업시설로 많은 시민들이 이용하는 시설로, 대규모 국가적 행사를 위해 지어진 건축물이 사후에 어떻게 활용되어야 할지를 보여주는 적절한 사례라 할 것이다.

② 서울시청사 증축 계획안 설계 공모

1926년 일제에 의해 경성부 청사로 건축되어 1946년부터 서울시청사로 쓰여온 기존 청사의 노후화와 부서의 증가에 따른 업무영역의 분산, 협소한 사무공간 등의 문제점 해결을 위해 서울시청사의 신청사에 대한 요구가 나타나기 시작하였다. 이는 비단 서울시의 문제만은 아니었다. 지방의 주요 대도시와 광역 자치단체 및 기초 자치단체 등에서도 공히 나타나는 요구사항이었으며, 민선 2~3기를 거쳐 지방정부의 자율적 행정 권한이 커지면서 2000년대 중반 이후 자치단체의 공공기관 신청사 건립 요구는 봇물을 이루었다.

민선 자치정부 시절의 행정복합 신청사의 건립은 몇 가지 특징을 가지고 있다. 먼저, 행정기관으로써 넓고 쾌적한 업무기능에 충실한 건축적 해결이 요청되었다. 두 번째, 표면적으로 각 지방 자치단체의 도시적 경쟁력을 내세우지만 실질적으로는 자치단체장의 정치적 업적을 드러내 보이기 위해 높은 상징성을 지닌 대규모 랜크마크의 성격 또한 요청되었던 것이 사실이다. 마지막으로 이러한 요구 조건을 만족시키면서도 사업의 원활한 추진을 위한 자치단체는 자체 예산과 국고지원 등을 통해 신청사 건립 예산을 확보하여야 했다. 하지만 각 지역 자치단체들은 신청사 건립과 같은 대규모 프로젝트의 발주 및 사업 관리 역량 수준이 높지 않고, 제한된 예산 내에서 대규모 랜드마크 조성 사업을 추진해야 했기 때문에 신청사 건립을 위해 많은 경우 턴키발주를 통해 사업 추진의 부담을 더는 방식으로 사업을 추진하였다. 호화 청사로 언론에 논란을 빚었던 성남시청사와 용인시청사 역시 이러한 과정을 통해 턴키로 발주된 대규모 공공청사 프로젝트이다.

서울시청사 증축 계획안

　서울시는 상대적으로 집행할 수 있는 예산의 규모가 풍족했고, 대한민국의 중심 도시로서 서울의 상징성과 아이덴티티를 부여할 수 있는 방법으로 신청사 프로젝트를 아이디어 공모(1차)와 당선작에 한해 가산점을 부여하는 턴키입찰(2차) 방식으로 이원화하여 공모하는 것으로 기획하였다. 2005년 4월, 1차 아이디어 공모로 시작된 계획안 선정작업은 턴키 공모를 통해 사업자를 선정하였음에도 불구하고 문화재위원회의 공방 속에 여섯 차례나 뒤바뀌면서 대부분 무용지물이 돼버렸다. 2007년 2월 문화재위원회에서 조건부 통과된 설계안 역시 지자체 디자인 기호와 맞지 않는다는 이유로 무단 보류되면서 1년 만인 2008년 2월 다시 지명공모를 해서 다시 한 번 새 청사 디자인을 뽑는 과정을 치렀으며 이 과정에서 건축가 유걸의 설계안이 당선되었다. 당선안은 전통 건축물의 표상인 처마의 깊은 음영과 곡선미를 현대적 건물로 재해석했고, 고전적 옛 청사와 조화를 이루었다는 점에서 높은 평가를 받았다. 또 시청 앞 광장을 지나 기존의 청사를 신청사의 대문으로 삼아 순차적으로 진입하는 공간구성은 전통적 동선구성을 현대적으로 해석해낸 것이었다. 시민들에게 다목적홀, 스카이라운지, 에코플라자 등과 같은 문화공간을 30% 이상 제공하여 기존의 공공청사들이 가지고 있던 엄숙하고 경직된 이미지를 벗어나 시민사회와 새롭게 호흡하는 행정의 상징성을 프로그램으로 구체화하였다.

　이상과 같은 설계안의 많은 장점에도 불구하고, 턴키 제도의 본질과 동떨어진 사업 추진으로 인한 후유증은 건축프로젝트의 주인공이어야 할 건축가에게까지 좋지 않은 영향을 미쳤다. 건축가는 한옥 처마 모양의 수평적 랜드마크 디자인으로 당선됐지만, 작품의 주인으로 공식 명기되지 못하는 상황에 처하게 되었다. 턴키입찰을 통해 당선된 시공사가 설계·시공 일체를 한꺼번에 책임지는 건축프로젝트여서, 저작권은 시공사의 계열사인 설계사무소에 돌아가게 되었기 때문이었다. 발주처가 고객과 별도의 디자인 계약을 맺는 외국의 전례와 다르게, 결과적으로 사실상 디자인 아이디어를 하청받아 제공만 해준 격이 되어 버린 것이다. 서울시청사 프로젝트는 서울시의 상징적 랜드마크가 될 차별화된 디자인의 설계안을 선정하는 것인데도, 턴키발주 방식을 적용한 것이 문제였다고 할 수 있다. 즉 사업의 추진 목적과 사업 추진의 방식에 심각한 괴리가 있었고, 한 번 선정된 일관 계약과 별도로 디자인만 공모하는 절차를 여러 차례 걸치는 사이 사업기간과 공사비는 지속적으로 늘어나게 된 것이다. 이 와중에 당선된 설계자의 디자인 저작권과 같은 설계업무의 본질적 영역은 부차적인 요소로 간주되었다.

객관적 관점에서 볼 때 턴키입찰 방식은 대형 건축프로젝트를 수행하는 데 있어서 많은 장점을 가지고 있는 발주 방식임에 분명하다. 정부에서도 건설공사와 설계산업의 글로벌 경쟁력 강화라는 명분으로 정책적 뒷받침을 해주었다. 그러나 턴키입찰을 통한 사업수행이 반드시 성공적인 사업을 보장해 주는 것은 아니다. 특히 대규모 프로젝트의 경우 프로젝트가 지향하는 목표가 복합적으로 제시되기 마련이므로 반드시 턴키입찰의 장점을 극대화할 수 있는 방향, 즉 신기술의 도입 필요성, 공기의 단축과 사업비의 절감 등 타당한 목표를 전제로 사업이 수행되어야만 할 것이다. 그러나 기술이 아닌 디자인의 차별성과 같이 발주자의 주관적 판단이나 공공의 여러 가지 이해관계가 걸려 있는 프로젝트의 경우 턴키 방식보다는 기존과 같은 설계·시공 분리 발주 방식이 보다 명쾌한 디자인 해결책을 보장받을 수 있는 길이 될 것이다. 이는 건축계가 지난 10여 년 동안 대규모의 공공 프로젝트를 턴키 제도의 대상으로 실험하면서 배운 희생이자 교훈이기도 하다.

3. 공모형 프로젝트 파이낸싱 발주방식과 복합개발사업을 통해 본 대형 건축프로젝트

3.1 공모형 프로젝트 파이낸싱과 복합개발사업의 등장

3.1.1 복합개발사업의 배경

복합개발이란 합리적인 토지이용을 위해 도시공간 및 건축공간을 수평·수직적으로 입체화시켜 주거, 상업, 업무, 숙박 등 세 가지 이상의 상이한 기능요소들을 밀접하게 연계시켜 개발하는 계획기법을 말한다. 1990년대 복합개발의 효시라 할 수 있는 삼성동 COEX, 잠실 롯데월드 등이 선구자역할을 했다.

2000년 들어 외환위기를 겪은 후임에도 꾸준한 소득증가에 따른 다양한 문화적 욕구가 확대되고 용도지역제에 따른 주거, 상업, 업무 등의 획일적 분리로 인한 도심공동화 현상 및 도시공간의 비효율적 활용에 따라 도심기능 재생 및 낙후된 기성 시가지 활성화가 요구되었다. 또한 대규모로 공급되었던 신도시 택지개발지구의 자족기능을 강화하고 주민편의시설을 조기공급하기 위해서는 기존의 비효율적인 필지별 소규모 개발방식 대신 토지이용을 효율적으로 증진시킬 수 있는 고밀집적을 통한 복합개발이 필요하였던 상황이었다. 보다 현대적 의미의 복합개발이 가능하게 된 것은 외환위기와 2001년을 거치면서 두 가지의 중요한 제도적 변화를 겪고 난 후부터였다. 첫 번째, 2001년 7월 택지개발촉진법이 개정되면서 개발자가 필지별 토지매각이라는 한계를 극복하고 블록단위 토지 수의계약이 가능해짐에 따라 대규모 복합시설을 민·관이 합동으로 개발하는 것이 가능해졌다. 두 번째, 외환위기 이후 건설금융계에서 시행사에 대한 신용담보대출이 불가능해지면서 자구책의 일환으로 이전까지 대규모 국책사업에 사용되던 금융기법인 프로젝트 파이낸싱(Project Financing, 이하 "PF") 기법을 도입하게 되었다. 이어서 PF 기법은 대규모 복합개발에 적극적으로 참여할 수 있는 금융 수단으로 자리잡게 되었다.

3.1.2 공모형 PF사업의 정의와 추진방식

이 중에서 특히 공모형 PF사업이라 함은 제3섹터 방식이라 불리는 민·관 합동개발방식을 말한다. 이는 국가나 지방자치단체, 정부투자기관과 지방공기업 등이 사업 시행자가 되어 경제적인 이익의 극대화보다는 사회적인 편익을 우선시하여 개발하는 사업방식이다. 대규모 택지개발이나 도시계획사업 위주였던 제1섹터 방식(송도신도시, 센텀시티 등)이나 민간 단독 혹은 공동참여를 통해 개발 과정에서 발생하는 리스크를 줄이고 경제적 이익을 극대화하는 제2섹터 방식(창원 더시티7, 목동 하이페리온, 자양동 스타시티, 영등포 타임스퀘어 등)과 달리, 제3섹터 방식은 공공이 토지와 인허가, 민간이 기술과 자본을 투입하여 공공목적과 사업이익을 동시에 달성하는 방식이다. 이는 신도시 및 택지개발지구, 재정비 촉진지구 등 중심상업 지역의 대규모 복합시설개발사업과 역세권 개발 등에 주로 적용하기 시작하였다(용인동백 쥬네브, 아산배방 펜타포트, 판교 알파돔시티, 광교신도시 파워센터 등). 즉 공모형 PF사업은 공공과 민간 부문인 공동의 목표를 달성하기 위해 특수목적회사(SPC; Special Purpose Company)를 세워 프로젝트 자체에서 발생하는 자산을 담보로 필요한 자금을 조달하여 사업을 시행하는 부동산 개발 방식이다. 이러한 개발 방식은 특히 2000년대 들어 택지개발지구 등에 자족적 신도시 기능을 구축하는 데 있어 복합개발의 요구에 부합하는 개발 방식으로 자리매김하게 되었다. 택지개발사업 지구 내에 용지를 소규모로 분할할 경우는 매각의 시간적 차이가 발생하고, 공지율이 높으며, 체계적인 개발에 어려움이 따른다. 또한 택지개발지구의 상업용지 개발이 입주 후에 이루어짐으로써 초기 입주민의 불편이 장기화되는 민원의 소지가 있으며, 개발지구의 장기적 발전을 위한 전략적 핵심시설이 유치되어 도시의 중추기능과 자족기능을 충족시킬 수 있어야만 한다. 이러한 이유로 택지개발의 주체인 공기업과 지방정부 등이 공공의 이익에 부합하는 전략적 핵심시설을 유치하는 대신 토지를 제공하고, 민간은 대규모 블록의 복합용지를 획득하여 경제

적 이윤 창출을 할 수 있는 시설을 유치하면서 토지 매입과 공익적 전략시
설에의 투자를 통해 보다 효과적인 도시중추기능 유치와 효율적인 복합개
발의 모델을 확립할 수 있게 된다.

3.1.3 공모형 PF를 통한 복합개발사업의 건축계획적 특징

2001년 용인 죽전 역세권 개발을 필두로 PF사업 방식의 복합개발이 시작
되었으며, 2005년부터 2008년까지 본격적인 공모형 PF사업이 집중적으
로 추진되었다. 이 시기의 주요 프로젝트로는 대구 봉무 지구, 영종 운북
지구, 아산 배방지구, 광명 역세권개발, 광교 파워센터(2008), 판교 중심상
업지역(2007), 은평 중심상업지역(2008), 용산 역세권 개발(2008) 등이 있다.

    PF사업을 통한 복합개발은 기존의 일반적인 발주방식의 건축계획과
는 다른 유형의 설계 접근방식을 요구한다. 복합개발은 본질적으로 수평
적으로 확장된 도시기능을 높은 밀도로 집약화하여 수직적으로 구현하는
것이다. 따라서 기존에 도시적 스케일에 따라 배열된 도시 기능들을 이해
하고 이를 복합화하는 마스터플랜 차원의 계획의 기법이 필수적이라 하겠
다. 또한 복합개발사업은 사업구상 단계에서 추진 전략에 따라 토지이용
계획을 변경하는 등 도시적 단위의 계획기법이 전제되어야 하므로 건축과
도시적 스케일의 차이를 이해하고 이를 유기적으로 통합시키는 계획적 해
법이 요구된다. 판교 중심상업지구의 '알파돔시티'(2007) 등은 도시와 건축
적 스케일의 호환가능성을 통해 대규모 단지를 하나의 아이덴티티를 가진
디자인으로 전개한 대표적인 사례라 할 것이다.

또 PF사업을 통한 복합개발프로젝트는 개별필지 단위의 개발이 아니라 블록 단위의 유기적 구성을 통해 도시의 '장소 만들기' 개념으로 접근하여야 한다. 대부분의 복합개발은 주거를 포함하여 업무, 상업, 문화 및 전략시설 등으로 크게 구성된다. 이때 가장 중요하게 고려해야 할 사항은 지역을 활성화시킬 수 있는 주요 입점시설(key tenants)을 어떻게 구성할 것인가 이다. 이를 위해 건축설계 이전 기획단계에서 설계자는 여러 컨설턴트와 함께 핵심적인 집객요소(core attraction)를 규정하고 이를 조닝에 반영하여 주요공간에 배치하여 전체 블록을 관통하는 사용자의 동선과 어떻게 상호작용할 것인지 세밀하게 규정하여야 한다. 또한 이러한 동선은 단지 목적형 동선으로만 구성되는 것이 아니라 주된 사용자의 취향과 선호에 따라 섬세하게 구성된 네거티브 구조에 의해 구체적인 장소성을 부여하게 된다. 소위 '상환경 계획'이라 불리는 이러한 과정에는 차별화된 입면, CI, 사인 계획, 경관조명계획 등과 연계하여 테마가 있는 스토리 마케팅이 가능한 감성적이고 입체적인 가로구조를 계획하는 과정이 포함된다. 이러한 모든 과정은 이전의 건축설계 단계에서 경험해보지 못한 새로운 영역의 설계 혹은 기획 역량을 요구하는 것이다. 따라서 단일용도의 소규모 건축물을 계획하는 단계를 벗어나 보다 많은 변수들과 계획요소를 다루어야 하는 복합적 역량을 갖추는 것이 대규모 복합개발사업에 반드시 필요한 건축가의 역량이라 할 것이다.

3.1.4 공모형 PF사업의 취약점

2008년 전 세계를 덮친 금융위기는 성숙기로 진입하고 있던 국내 PF사업을 위축시키는 중요한 계기가 되었다. 글로벌 금융위기는 또한 이미 추진되던 PF사업의 지연과 함께 이전에는 보지 못하던 국내 PF사업의 미숙함과 맹점을 드러내는 시기였다.

먼저 공모형 PF사업은 토지가격을 사업자 선정의 중요한 평가 기준으로 적용하면서 민간 투자자들의 가격 경쟁으로 인해 토지가격 상승으로 프로젝트에 부담을 주고 사업성이 악화되는 원인으로 작용하게 되었다. 이는 사업추진 과정에서 조달해야 할 자금의 금융비용이 상승하게 되는 것을 의미하며, 특히 2008년 이후 글로벌 금융 위기 하에서 지속적인 PF사업의 추진에 회의를 가져올 수준의 부담으로 작용하였다. 두 번째, 위와 같은 이유로 복잡한 절차와 부동산 경기의 영향, 다양한 투자 주체의 이해에 따른 사업의 장기화로 인해 단기적으로 사업추진 동력이 저하하고, 장기적으로는 택지개발지구에 신속하게 주민기반시설을 확보한다는 공익적 목표에 차질이 빚어지는 상황이 발생하게 되었다. 세 번째, PF사업 초창기에는 지역의 장기적 활성화보다는 분양 위주의 사업으로 추진되면서 상업시설이 유기적으로 활성화되지 못하고 방임되거나 공동화되는 현상을 보였다. 이는 사업추진 과정에서 민간 투자자들이 개발 이익의 환수시점을 무리하게 앞당기기 위한 한 방편의 하나로 분양시설에 대한 비율을 높이면서 발생하는 현상이었다. 최근 들어 분양 위주의 개발사업에 제동을 걸기 위해 직영/임대비율 가이드라인 제시, 재무적 투자자 또는 전략적 투자자 참여 확대 등을 공모 시 평가항목에 넣어 보완하고 있다.

마지막으로, 공모형식으로 진행되는 사업자 선정 방식과 랜드마크적 성격을 요구하는 공공의 요구, 외형과 브랜드의 신뢰성에 집착하는 민간 사업자의 요구 등으로 인해 PF사업의 특성상 공모단계에서 과도한 디자인의 결과물을 제출할 수 밖에 없게 되었다. 이는 곧 구체적인 건축계획이 미비하고 실현가능성을 검토할 수 있는 수준의 기본적인 건축계획의 검토가 이루어지지 못한 채 사업추진이 이루어지고 있다는 것을 의미한다. 이는 사업추진 단계에서 잦은 설계 변경과 디자인 변경으로 사업이 장기화되는 결과를 맞이하게 된다.

2009년 이후 글로벌 금융위기 이후 자금조달의 한계와 시장상황이 부정적으로 변하면서 공모형 PF사업은 급감하기 시작했다. 또한 이전 PF사업의 토지가격의 거품요소가 드러나면서 사업추진 가능성에 대한 시장의 회의적 반응으로 기발주한 프로젝트의 경우 3~4년이 지났음에도 불구하고 사업기획이 변경되면서 여전히 사업초기단계에 머물러 있는 경우가 나타났다. 오히려 영등포 타임스퀘어와 같은 상대적으로 단순한 형태의 투자개발사업인 제2섹터 방식의 민간주도형 개발사업이 순조로운 사업 추진으로 그 결과를 만들어내고 있다.

3.2 공모형 프로젝트 파이낸싱과 복합개발사업 방식의 주요 프로젝트와 시사점

2000년대 들어와 공모형 PF사업 방식으로 진행된 주요 프로젝트를 살펴보면서 대규모 복합개발프로젝트의 특징과 성격을 보다 자세히 비교해본다.

① 성남 판교 복합단지 개발프로젝트

이 프로젝트는 2000년 들어 새로운 신도시로 개발되기 시작한 판교의 중심부에 위치하여 상업지역의 성격과 커뮤니티 중심의 역할 수행을 목표로 기획된 공모사업으로, LH공사에서 발주한 대규모 프로젝트이다. 과거 서울의 동남부 관문이었던 판교는 남부 수도권 개발의 핵심 코어이자 교통의 허브인 곳으로, 도시적 맥락에서 판교만의 새로운 중심성과 정체성을 부여하고 복합문화가 어우러지는 '통합'과 '교류'의 새로운 도시의 장소성을 만들고자 한 것이 프로젝트의 목표였다. 공모 시 발주자 측의 요구사항은 기존 상업시설과 차별화된 전략적 구성, 도시밀도를 고려한 그린스페이스 확보, 주변 도시구조와 연계한 공공공간 창조와 활성화 그리고 가장 중요하게는 판교 신도시의 랜드마크를 계획해 달라는 것이었다. 그러나 판교 전체가 고도제한구역으로 랜드마크 및 상징성을 대변할 수 있는 고층고밀의 개발이 불가능하였고, 또한 거대한 십자 보행녹도 및 도로로 분리된 필지는 단지 통합 및 연계를 달성하는 데 큰 제약으로 작용하였다.

이를 위해 분절된 필지를 엮는 교류와 통합이라는 개념을 도입하여 입체적인 3차원의 돔 형태로 발전시킨 대안을 최종적으로 제안하였다. 상기 사항들을 충족시킬 수 있는 강력한 아이디어인 '도시의 심장', '자연의 언덕', '교류의 허브'라는 콘셉으로 형태화된 거대한 '돔' 구조는 그 하부에 존재하는 분절된 도시의 물리적 단위를 효과적이고도 기능적으로 통합시켰다. 강한 기념비성을 만들어내는 도시적 스케일의 돔 구조물은 친환경적인 막의 역할을 수행하며, 끊어졌던 지형을 연결하는 자연을 닮은 동산을 만들어냈다. 결과적으로 이 강력한 '돔'은 도시의 축, 녹지 네트워크, 문화 네트워크를 통해 도시와 건축을 통합하는 외적 형상의 분절적 대지 조건을 극복하는 '통합'의 상징을 만들어냈다. 비워진 돔의 각 부분들은 지침상 요구조건인 십자형태의 보행로를 구성하였으며, 이 동선의 흐름은 상업시설 및 조경, 수공간의 요소와 함께 '교류'의 장 역할을 하였다.

　판교 복합상업 PF사업은 건축적 개발의 물리적 한계를 도시적 대응방식을 통해 극복한 사례로 필지로 분절된 도심을 돔이라는 건축적 콘셉으로 물리적 · 상징적 구심을 형성한 사례라고 할 수 있다.

② 광교 택지개발사업지구 파워센터 개발프로젝트

광교 신도시는 대한민국의 중심이자 수도권의 핵심적 기능을 분담하고 있는 경기도의 국제 경쟁력 강화를 위한 수도권 남부의 중심도시로 계획되었다. 서울 남부의 주거 기능을 분담하면서, 동시에 광역행정 업무 기능, 국제수준의 업무복합 기능, 수도권 남부 광역상업 기능과 21세기 신주거문화 모델도시로서의 기능을 제공하는 복합적이고 자족적 도시 기능을 지향하고 있다. 보다 구체적으로 살펴보면 광교 신도시는 이전 예정인 경기도청사, 주변 대학과 연계한 R&D 클러스터, 원천저수지와 신대저수지를 활용한 유원지, 경기남부 지역의 업무중심을 목표로 하는 비즈니스 파크 등으로 구성되어 있으며, 약 1,130만㎡의 면적에 3만1천 세대(77,500여 명)를 수용하는 규모로 계획되었다.

    광교 신도시에서 원천저수지 남쪽, 신도시의 남측 진출입로에 위치하
고 있는 대지는 수도권 남부의 광역상권의 역할을 담당하는 파워센터로
개발될 예정이었다. 광교의 남측 입구 역할을 하게 될 파워센터는 광교 신
도시의 상업적 수요뿐만 아니라 흥덕 지구, 영통 지구 등 수원과 용인 등
주변 남부 수도권의 광역적 상업수요를 만족시키기 위한 보다 광역적 계
획을 전제로 기획되었다. 선정된 작품은 광교의 도시적 이미지를 광역적
단위에서 조망할 수 있는 건축계획으로 부각시킴으로써 그 이미지가 광교
의 구심력으로 작용해 파워센터의 광역적 상업기능을 강화하는 기제로 작
동하는 것을 목표로 하였다.

    협업에 참여했던 네덜란드 건축가그룹 MVRDV는 광교산, 원천/신대
저수지로 대표되는 수려한 자연환경과 수원 화성으로 대표되는 역사적 맥
락이 인접해 있는 광교 신도시의 특징을 십분 살려 우선 대상 대지를 구성

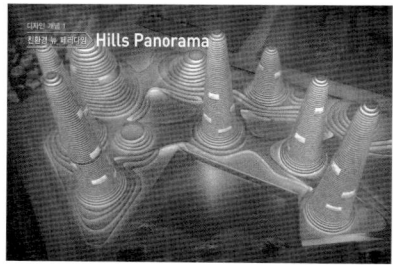

↖ 성남 판교 복합단지 PF사업
← → 광교 택지개발사업지구 파워센터 PF사업

하는 강력한 자연요소인 원천유원지의 수변공간과 동서로 뻗은 광교산의 분절된 능선을 자연의 형상을 닮은 매스로 연결하고자 시도하였다. 계획 안은 주변의 산세를 이어주는 인공의 구조물을 통해 끊어진 자연의 컨텍 스트를 도시적으로 연결하였고, 연속적인 산봉우리 형상의 건물군은 녹지 로 덮어 주변과 소통하고 광교의 자연적 조건을 상징적으로 드러낼 수 있 도록 계획하였다. 또한 높게 솟은 주거동은 수원 화성의 5개의 봉화대를 형상화해 도시의 역사성을 담아냈다.

계획안은 남쪽의 수원 구도심과 북쪽의 원천저수지로 연결되는 자연 을 'Hills Panorama'로 명명하고, 연속적인 언덕을 통해 상업시설과 자연 그리고 사람들이 자연스럽게 소통할 수 있는 공간을 제공할 수 있었다. 파 워센터에서 상업시설은 건축 그 자체가 자연환경을 통한 공간의 활성화 요소가 되며 자연의 연속체로써 인식되도록 하였다.

또 파워센터가 광역상권을 위한 시설임을 고려해 원스톱 쇼핑이 가능 한 복합시설을 제안하였다. 광역적인 수요를 흡수하기 위해서 단순한 쇼 핑의 공간이 아닌 문화복합시설을 제안함으로써 방문객들이 단지 내에서 다양한 문화활동을 동시에 즐김과 동시에 상업적 행위가 자연발생적으로 일어날 수 있도록 계획하였다. 유원지와의 연계를 고려해 남측의 42번 국 도와 원천유원지를 잇는 보행로를 계획하여 보행로 상에 다양한 문화시설 을 배치하여 파워센터가 문화장터로서 기능할 수 있도록 계획하였다.

4. 도시 및 디자인 공공성의 관점으로 본 대형 건축프로젝트

4.1 도시 및 디자인 공공성과 대규모 프로젝트의 상징적 효용

대규모 건축프로젝트는 태생적으로 그 볼륨의 거대함으로 인해 랜드마크의 성격을 띨 수밖에 없다. 특히 신청사 건립 등의 프로젝트에서 보듯이 중앙 및 지방정부 등 공공부문은 정책적 과시의 수단으로 건축물의 높이, 볼륨, 형상에 있어서 강조된 랜드마크의 필요성을 요청한다. 또한 글로벌 기업으로 성장한 민간기업 역시 새로운 사옥이나 연수원 등 가장 훌륭한 홍보물이 될 수 있는 대규모 건축프로젝트를 통해 기업의 이미지를 드러내는 상징적 이미지를 담아 내도록 요그한다.

한편으로 도시 공공성의 두 축이라 할 수 있는 도시의 역사적 컨텍스트 및 도시적 경관의 연속성 그리고 디자인 정체성에 대한 문제는 대규모 프로젝트를 추진하는 데 있어서 반드시 전제되어야만 할 고려 요소이자 사업을 추진하는 데 있어서 항상 미묘한 갈등 관계를 만들어낸다. 문제는 이러한 발주 측의 요구와 도시공간 및 디자인의 공공성 사이에서 지켜야 할 계획의 정교한 균형점을 찾는 것이다. 2000년 이후 수행된 다수의 대규모 프로젝트들은 공공자원으로써 도시공간이 지닌 공공성 및 디자인의 정체성에 대한 취해야 할 입장과 문제점을 몸소 보여줌으로써 이 문제를 시민사회에 다시 한 번 환기시키는 역할을 하였다.

　도시 및 디자인 공공성과 관련하여 기존에 수행된 프로젝트의 사례를 중심으로 주요 이슈를 살펴보면 다음과 같다.

4.1.1 역사적 컨텍스트에 대한 대응방식

도시가 갖고 있는 역사적 컨텍스트에 대응하는 방식은 건축계의 꾸준한 문젯거리로 남아 있었다. 2000년 이후 가장 이슈가 된 세 개의 건축프로젝트 사례를 통해 이를 살펴보자.

① 서울중앙우체국

서울중앙우체국, 즉 '포스트타워'는 서울 충무로 1가 21-1번지에 자리잡은 빌딩으로 그 전면에는 바로 한국은행 본점과 조금 더 멀리에는 남대문이 위치해 있다. 이 건물은 기존의 밋밋한 대형상자 모양의 13층짜리 신관건물을 2003년 헐고 나서 4년여 공사 끝에 들어선 연면적 7만2천 평이 넘는 철골콘크리트 건물로, 이곳은 전면부에 있는 남대문로 3가와 충무로 입구 일대는 근대 건축물 밀집지구로 터의 역사성이 각별한 곳이다. 19세기 말 재한 일본인들의 집단 주거지였다가 한·일 병합 뒤 조선은행 등의 주요 금융기관과 미쓰코시 백화점 같은 대형 유통시설이 잇따라 생겨났던 근대 소비유통문화의 태반과 같은 곳이었다. 그러나 이런 전통성 및 장소성과 다분히 동떨어진 파격적 디자인의 첨단빌딩이 들어서는 것에 대해 많은 건축계 인사들은 우려 섞인 반응을 보이기도 했다.

　남촌의 새로운 시각 축으로 타워는 친근한 석조와 구운 화강석을 측면에 두르고, 정면 일부분만 커튼월을 사용하면서 옥상의 태양열 집광판으로 온방과 급탕, 옥외조명을 해결한 것과 정화수 재활용 시스템, 건물 뒤쪽의 대형 정원을 배치한 친환경 설계를 통해 호평을 받았다. 특히 지하 2층으로 우체국 영업공간을 보내고, 1층 앞마당을 넓게 끌어들여 녹음과 휴식을 제공하는 우정원이란 개방문화공간을 만든 부분이나 건물의 입면이 쪼개지는 층인 11층을 직원 및 방문객을 위한 쉼터로 만든 것은 이 건물이 명동에서 유일한 대규모 공공광장으로 사용될 것을 예상한 파격적 배려였다. 그러나 문화재 앙각 규정 등 관련 법규를 최대한 준수하고 공공에 대한 배려를 했다는 장점에도 불구하고, 1910년대부터 하나 둘 조성된 남대문로 거리의 역사적 맥락에 비추어 포스트타워가 돌연변이 같은 장벽의 느낌을 벗지 못한다는 점이 지적되었다. 건물의 구조나 외관에서 근대 거리에 걸맞은 문화적 정체성을 생산할 수 있을지에 대한 회의론과 남대문로의 다른 근대 건축물들의 보존 및 문화적으로 활용하려는 움직임과는 상반되는 흐름을 보였기 때문이다. 이는 해외건축가가 참여한 턴키입찰 방식임을 인정하더라도 '공간의 기억에 대해서는 별 생각 없이 북악산, 남산을 노골적으로 가로막은 역대칭 펜스'라고 지적한 건축계 인사의 비판이 타당할 수밖에 없는 프로젝트라 할 수 있다.

서울중앙우체국

② 서울시청사

초기 단계의 서울시청사 계획안들 역시 동일한 비판에 직면해야 했다. 예를 들어 턴키입찰 시 선정안(〈초기 단계의 서울시청사 계획안들〉 제일 아래쪽 가운데 이미지)은 한국 전통미인의 부드러운 곡선과 투명을 상징하는 유리 외벽 타원형 건물 형태이긴 하나, 높이 40m, 길이 114m에 이르는 메가스케일의 신청사는 전면에 위치하는 기존 시청사를 압도하며, 동시에 덕수궁으로부터의 역사적 흐름을 효과적으로 받아들이고 있지 못한다는 평가를 받았다. 또한 100m가 넘는 건물의 볼륨은 무교동 등 주변의 건축적 스케일을 압도하는 과도한 스케일이라는 비판을 받았다. 다행히 최종선정안(〈초기 단계의 서울시청사 계획안들〉 제일 위쪽 이미지)은 전통 건축물의 표상인 처마의 깊은 음영과 곡선미를 현대적 건물로 재해석해 기존의 고전적 청사와 하모니를 이루며, 덕수궁과의 컨텍스트를 보완하고자 하는 노력이 돋보였다.

③ 동대문디자인플라자

동대문디자인플라자(이하 DDP)의 경우 도시경관과 역사적 컨텍스트를 프로젝트 내부로 가져오는 데 보다 진일보한 모습을 보여주었다. 동대문운동장을 철거한 자리에 들어서는 동대문디자인플라자는 지하 3층, 지상 4층 규모의 디자인 플라자와 3만 7398m² 규모의 공원으로 조성된다. 건축가 자하 하디드 특유의 유동적 형상으로 이루어진 건축물은 기존 동대문운동장의 도시적 스케일을 크게 벗어나지 않는 선에서 수평적 랜드마크로 구축되어 도시경관에 순응하며, 또한 밀도가 높은 주변의 패션상업시설로

부터 유입되는 이용자들에게 플라자 남측과 북측을 열어두어 걸어서 올라갈 수 있는 인공언덕과 잔디공원을 제공한다. 뿐만 아니라 건립 부지에서 발굴된 조선시대 훈련도감의 분원인 하도감(下都監) 건물의 양식을 보여줄 유구(遺構)가 복원되며, 역시 이곳에서 발굴된 서울성곽과 남산에서 흘러내린 물을 청계천으로 빼내기 위해 건설한 조선시대 수문 중 하나인 이간수문(二間水門)도 복원하는 등 역사적 기억을 수동적으로 받아 안기보다는 적극적으로 복원하여 시민들에게 전달하려는 보다 적극적인 계획 의지를 보여주고 있다.

4.1.2 도시적 경관과 디자인 아이덴티티−교보강남타워

교보강남타워는 강남대로와 사평로가 교차하는 지점에 위치해 있다. 연면적 약 9만 3천m², 25개 층으로 이루어진 업무시설인 타워는 주변 강남의 다른 건물들과 비교할 때 가장 이질적인 건물이라 할 수 있다. 마치 거대

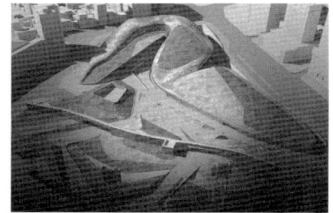

← 초기 단계의 서울시청사 계획안들
→ 동대문디자인플라자

한 요새와 같은 이미지의 교보타워는 두 개의 쌍둥이 타워로 이루어져 있으며, 두 타워는 투명한 유리 브릿지로 연결된다. 설계를 맡았던 건축가 마리오 보타의 표현을 빌리자면 '솔리드(solid) 속에 들어 있는 보이드(void)'를 통해 비어 있음을 강조하려는 디자인 기법이었다. 건축가가 선호하는 스위스 칸톤(canton) 지방의 적벽돌 사이로 보이는 투명한 유리공간은 외벽이 가리고 있는 도시의 모습과 햇빛을 건물 내부로 끌어들인다. 이로 인해 건물을 출입하는 사용자들에게 건물 밖에서 건물 안을 바라보는 폐쇄적인 느낌과 내부에서 바깥을 바라볼 때의 개방적인 느낌이 드라마틱하게 대조를 이루는 경험을 제공한다고 한다.

도시적 관점에서 보면 요새와 같은 타워의 폐쇄성을 강조하는 것은 강남대로 쪽을 향한 정면에 창이 거의 나있지 않다는 사실로부터 나온다. 이와 더불어 건축주가 선택한 적벽돌의 마감은 극단적으로 도시를 '외면' 하는 듯 보이며, 주변 강남의 모든 도시적 경관을 압도한다. 유리 커튼월에 대한 거부감을 가지고 있는 건축주의 기호와도 관련된 이러한 건축적 제스처는 민간기업의 사옥으로써 기존 사옥과의 이미지 통일성을 기하고, 기업

교보강남타워

의 이미지를 제고하는 데 도움을 줄지 모르나 공공재라 할 수 있는 강남 지역의 전체적인 도시경관을 해치는 방향으로 작용하는 것만은 확실하다.

4.1.3 기념비성과 랜드마크의 요건-광주 아시아문화전당

문화중심 도시로 발돋움 하려는 광주의 핵심 시설이라 할 수 있는 광주 아시아문화전당은 2005년도 33개국 124개 팀이 공모한 국제현상설계공모를 통해 건축가 우규승의 〈빛의 숲〉을 당선작으로 선정하였다. 〈빛의 숲〉의 기본개념은 5.18 민주정신의 상징인 전남도청 등의 역사적 건축물을 존중하고 보존하되 한국 전통건축의 배치기법을 적용하여 영원한 민주와 자유의 상징인 전남도청 등 보존건물과 문화전당이 조화롭게 배치되도록 하였다. 두 건물 사이에는 한옥의 마당 개념을 활용한 대형 문화광장으로 계획하고, 메마른 도심에 다양한 문화공간과 3만여 평의 시민녹지공원을 조성하여 무등산과 함께 시민들에게 휴식공간과 문화향유의 기회를 동시에 제공하는 설계안이었다. 당선작 〈빛의 숲〉은 인권도시 광주의 역사와 문화를 잘 표현해주고 인간과 자연의 공존을 반영한 점을 높이 평가 받았다. 특히 지하 전당, 녹색지붕, 지상 공원, 물 순환, 지열 등을 활용한 자연친화적이고 도시 공공성을 잘 살린 작품으로 인정받았다. 그러나 기본설계 단계에서 광주시와 지역주민들은 문화전당 건물의 60% 이상을 지하에 배치하는 설계안에 대해 광주의 상징물이 되지 못할 것이라며 불만을 나타냈고, 설계를 변경해 건축물을 지상으로 올리고 세계적으로 독특한 조형미와 아름다운 외관을 갖춘 랜드마크 건축물로 설계해 줄 것을 요구하였다. 이때 말하는 세계적 랜드마크 건축물이란 시드니의 오페라하우스, 파리의 에펠탑이나 퐁피두센터, 샌프란시스코의 금문교, 빌바오의 구겐하임미술관 등을 말하는 것이었다. .

랜드마크의 정의가 '어떤 지역을 식별하는 데 목표물로 적당한 사물로써 주위의 경관 중에서 두드러지게 눈에 띄기 쉬운 어떤 것'이라고 한다면, 광주시와 지역주민에게 있어서 랜드마크는 가시적 볼륨이나 수직성 형상, 차별화된 상징적 이미지 등 구체적으로 드러나는 시각적 표상이어야만 하였던 반면, 건축가에게 있어서 랜드마크는 오히려 개념적인 측면에서 '옛 전남도청과 분수대 광장 등 5월의 역사적 사실, 풍부한 녹지 그 자체'였던 것이다. 더 나아가 건축가는 '랜드마크는 다른 곳에서 찾아 볼 수 없는 것이어야하며 광주의 랜드마크는 무등산'이라고 단언하였다. 즉, 5월 항쟁의 격전지로 도청과 경찰청 부지를 존치해야 하는 상황에서 지상으로 높은 건축물을 세울 경우 무등산의 조망권을 해칠 수 있다는 우려를 표명한 것이다.

이러한 공방은 가시적 성과물을 남기고자 하는 지방행정기관과 랜드마크를 통해 지역경제의 활성화를 기대하는 지역주민이 가지는 랜드마크에 대한 일반적인 관념이 장소의 기념비성을 강조하기 위해 수평적이면서

광주 아시아문화전당

비가시적인 랜드마크에 대한 새로운 개념을 제안하였던 건축가의 관념과 충돌을 일으킨 사례였다.

1년이 넘는 논쟁과 대안 제시가 지속되었으나 광주시 및 지역주민과 랜드마크에 대한 인식의 차를 좁히지 못한 상태에서, 이 논쟁은 추진위 측이 인근에 랜드마크 시설을 별도로 추진하는 것을 대안으로 제시하면서 봉합되어가고 있다. 이러한 사례는 대형 프로젝트 수행에 있어서 디자인 개념과 랜드마크의 성격을 둘러싼 공적 합의가 전제되지 않으면 추후 디자인의 전개 과정이나 사업추진 단계에서 그 동력을 상실할 우려가 있음을 보여주는 것이다.

4.1.4 초고층 프로젝트의 붐과 디자인의 정체성 - 용산 국제업무지구

드림타워, 상암 DMC 랜드마크타워, 잠실 제2롯데월드 수퍼타워 등 초고층 계획안의 등장은 2000년대를 그 이전 시기와 구별해주는 가장 큰 특징 중에 하나다. 초고층 건축물을 300m 이상의 건축물로 본다면 우리나라에서 진정한 의미의 초고층건축물이 계획된 적은 없다고 보는 것이 타당하다.

2000년 들어 초고층 건축물에 대한 관심이 급증한 이유는, 먼저 광역도시권의 도시미관을 업그레이드하는 글로벌 도시경쟁력의 확보 차원에서 초고층 랜드마크의 필요성이 대두되었기 때문이었다. 두 번째, 대규모 복합개발사업이 활발해지면서 블록 내 중심 랜드마크가 필요하였다. 세 번째, 버즈 두바이의 사례처럼 초고층 건설에 대한 국내 건설사의 시공 능력이 증명되었으며, 네 번째 시공부문에 미치지는 못하지만 설계 및 엔지니어링 분야에서도 꾸준히 초고층 건축물 설계 역량을 확보하기 시작했다는 점 등을 들 수 있다.

2010년 기준으로 살펴보면 국내에서 추진되거나 검토 중인 100층 이상 초고층 빌딩만 모두 10여 곳에 달한다. 대표적으로 서울 용산 국제업무지구 드림타워, 상암 DMC(디지털미디어시티) 랜드마크타워, 잠실 제2롯데월드를 비롯해 송도 인천타워, 부산 롯데월드 등이 손꼽힌다. 이 중 서울시에서 추진하는 사업 중 핵심은 상암 랜드마크 타워, 용산 드림타워, 잠실 제2롯데월드다.

서울 상암 DMC 랜드마크타워는 지하 9층, 지상 133층, 높이 640m(꼭대기 방송용 첨탑 안테나 100m 포함) 규모로 들어선다. 높이로만 따지면 국내 최고로, 전체 사업비는 약 3조~4조 원으로 추정된다.

그 뒤를 잇는 계획안은 112층(이후 123층으로 조정), 555m 높이(변경 없음)의 잠실 제2롯데월드이다. 사업자까지 확정돼 순항하고 있는 상암 랜드마크 타워와 달리 제2롯데월드는 개발 여부를 두고 무려 14년째 공방이 이어졌다. 주민들 반발도 거의 없고 서울시도 긍정적이지만 국방부의 반대로 사업추진이 지지부진했다. 특히, 대지가 공군이 사용하는 서울공항의 고도제한 규제에 걸리는 장소에 위치해 있기 때문이다. 공군이 동의하는 최고 높이는 서울공항을 이용하는 항공기의 기계비행 접근보호구역인 고도 203m였다. 국무조정실의 행정협의조정위원회를 거치는 등 국가적 관심사가 된 잠실 제2롯데월드는 결국 기업 측이 서울공항의 안전성을 확보하기 위해

활주로를 이전하거나 각도를 약간 조정하는 등의 대안을 마련하고 이를 위한 비용을 부담하는 것을 전제로 사업추진이 허용되어 현재 추진중에 있다.

단군 이래 최대 프로젝트라 불리는 용산 국제업무지구에도 초고층 빌딩이 들어선다. 용산역 일대 국제업무지구에 2016년까지 150층, 620m 높이의 랜드마크타워(드림타워)가 들어설 예정이다. 용산 국제업무지구 개발사업은 코레일의 철도청 부지와 서부이촌동을 합쳐 약 56만m²의 부지 위에 조성되는 복합단지이다.

이외에도 송도에 들어서는 151층, 610m 높이의 인천타워가 있으며, 120층, 510m 규모의 부산 롯데월드타워 등이 사업추진을 기다리고 있다.

현재 수도권에서 진행되고 있는 초고층 프로젝트를 보면 계획적 측면에서 몇 가지 공통점을 발견할 수 있다. 먼저, 과거의 단일용도 개발과 달리 초고층 내에 수직적 조닝을 하여 복합용도로 개발하는 경향이다. 복합용도로 개발하였을 경우 층고, 설비, 수직 교통 등 단일용도 계획에 비해 추가적으로 고려해야 할 사항이 많고 계획이 복잡해지기 때문에 과거 초고층 건물은 일부 상업시설이 저층부에 있는 경우도 있었지만 대부분 업무시설의 단일용도로 개발되는 경향을 보여왔다. 그러나 최근 들어 버즈두바이의 사례에서도 보듯이, 그 자체로 하나의 도시규모인 초고층 건축물을 복합용도로 개발하여 초고층 업무시설의 고질적인 문제인 공실률을 줄이고, 분양 수익을 높이면서 보다 지속 가능한 사업모델을 찾는 것으로 점차 선회하고 있음을 관찰할 수 있다. 대부분의 국내 초고층 프로젝트 역시 대규모 복합개발단지의 일부로 계획되면서 용도를 복합하여 사업의 리스크를 줄이고 보다 안정정인 사업구조를 만들어가고 있다. 이에 따라 단일 초고층 볼륨 안에 업무, 상업, 호텔, 레지던스, 주거 등이 복합되면서 이에 따른 건축계획의 복잡도도 따라서 증가하는 경향을 보이고 있다.

둘째, 초고층 프로젝트에 친환경 기술을 대거 도입하여 에너지 측면에서 불리하고 비효율적이라는 인식을 불식시키며 보다 효율적인 초고층 건축물 운영이 가능하도록 계획하고 있다. 예를 들어, 서울 마포구 상암동 DMC 랜드마크 빌딩은 지상 46층부터 꼭대기까지 건물 가운데를 비운 '인터페이스 보이드'로 계획하였다. 이곳을 통해 외부공간을 실내로 끌어들임과 동시에 냉·난방과 환기, 조명 등에 이용하는 한편 풍력발전까지 가능하게 계획하고 있다.

마지막으로, 한국의 문화와 감성적 관점에 기반하여 초고층 건축물을 계획하려는 시도가 다양하게 나타나고 있다는 점이다. 초고층 프로젝트 추진 초기 디자인의 경우 국내 설계 역량의 부족한 탓에 기본설계까지 외국의 유명건축가나 설계사무소를 통해 수입되는 경우가 대부분이었다. 이러한 과정에서 국적 불명의 어디서나 볼 수 있는 매끈한 하이테크적인 표피를 가

잠실 제2롯데월드 슈퍼타워

진 디자인이나 아예 외국의 익숙한 랜드마크를 베낀 조악하고 미완성적인 몰개성의 디자인까지 나타나기도 하였다(잠실 제2롯데월드 슈퍼타워 첫 번째 이미지).

그러나 각종 심의 등 시민들의 의견청취과정 등을 통해 초고층 건축물의 디자인 아이덴티티에 대한 새로운 고민을 시작하고 있음을 여러 가지 설계변경 사례를 통해 확인할 수 있다. 구체적인 설계에 잘 반영되었느냐를 떠나서 초고층 랜드마크 빌딩들이 한국 전통문화와 유산을 모티브로 한 디자인을 반영하여 계획되고 있다는 사실은 매우 고무적이다.

예를 들어, 송파구 잠실에 건립되는 제2롯데월드의 슈퍼타워는 고려청자와 한국의 전통 곡선미를 살린 디자인을 채택하였다(아래 첫 번째 이미지). 또 서울 마포구 상암동 DMC 랜드마크빌딩은 남산 봉수대를 형상화한 디자인을 선보였다. 설계를 맡은 해외설계사는 봉수대 기단부 몸체 곡선을 살리면서 연기와 불빛 모양을 응용한 우선형으로 디자인을 하였다(아래 가운데 이미지). 그리고 서울 용산 국제업무지구 드림타워는 신라금관을 모티브로 전체 단지를 계획하고 있다(아래 세 번째 이미지). 다니엘 리베스킨트가 설

← 제2롯데월드의 슈퍼타워
↑ 서울 상암동 DMC 랜드마크빌딩
→ 서울 용산 국제업무지구 드림타워

계를 맡은 디자인은 665m 높이 랜드마크타워를 중심으로 20~70층 높이의 빌딩 30여 개가 신라시대 금관과 같은 형태로 배치된다(이후 메인 타워만 다니엘 리베스킨트에게 맡겨졌고, 나머지 동들은 애드리언 스미스와 고든 길 등 여러 해외 유명건축가들이 나누어 맡아 추진하고 있다). 마스터플랜 개념에 있어서도 국제업무지구는 우리나라의 다도해를 형상화한 공간배치로 특성화하였다. 지구 내에 크고 작은 인공호수를 조성하고 업무, 상업, 주거, 문화, 여가 등의 시설들이 섬처럼 들어서게끔 하였다.

이러한 경향은 초고층 건축물의 디자인이 도시의 공공재적인 역할이 강한 랜드마크의 성격을 가지며 매우 중요한 역할을 하고 있다는 사실을 사업시행자, 건축가, 인허가를 맡고 있는 공공이 모두 잘 인지하고 있기에 가능한 결과이다. 결과적으로 우리의 도시를 찾는 세계인에게 디자인을 통해 지역성을 재발견하고 그 가치를 돋보이게 한다는 측면에서 무척 고무적인 일이라 할 수 있을 것이다.

4.2 건축시장의 개방과 글로벌화를 통해 본 대형 건축프로젝트

1993년 우루과이 라운드(UR)협상 타결에 따른 세계무역기구(WTO) 체제의 출범으로 건축설계 서비스업의 경우 1996년부터 우리나라 건축사와 공동계약에 의한 건축설계 서비스 공급을 허용하도록 하고 있다. 따라서 외국건축사는 국내업체와 합작으로 설계업무가 가능하며, 법인을 설립 및 건축설계시장에도 진출할 수 있는 길이 열린 것이다. 이렇게 개방된 시장에서 해외건축가와 설계사무소는 초대형 정부 프로젝트나 기술력이 필요한 초고층 프로젝트, 상징성 있는 지명 현상설계 프로젝트 등을 통해 국내 시장에서 많은 설계 기회를 가지게 되었다.

먼저 민간 영역을 살펴보면 특히 대형복합단지 개발과 초고층 프로젝트 붐이 일어나면서 이들 시장은 외국계 업체들이 장악하고 있는 것으로 나타났다. 앞서 언급한 초고층 프로젝트만 살펴보더라도 잠실 제2롯데월드는 SOM 및 KPF에서, 용산 국제업무지구는 마스터플랜 국제 현상 공모에서 다니엘 리베스킨트, 아심토트, SOM, 저디(Jerde & Partners), 포스터(Foster & partners)등 5개 사가 최종 경쟁하여 다니엘 리베스킨트의 〈아키펠라고21〉로 당선되었다. 또 상암 DMC 랜드마크빌딩과 부산 롯데월드 설계도 SOM이 설계를 맡았고, 인천 송도 신도시의 151층 인천타워는 존 포트만(JP&A)이 설계한다. 이와 함께 송도 신도시의 65층 동북아트레이드타워와 대규모 회의장인 컨벤시아, 복합상가인 커낼워크 등은 KPF가 설계를 맡았다. 대형복합개발사업에서도 이러한 경향은 뚜렷이 나타나는데, 영등포 타임스퀘어에는 부분적으로 겐슬러(Gensler)가, 창원 시티세븐은 저디(Jerde & Partners)가, 광교 파워센터는 MVRDV가, 대구 봉무 지구 스트리트몰은 RTKL이 맡는 등 복합개발에 노하우를 가지고 있는 해외 전문 설계업체의 참여가 많아지고 있다.

민간 부문에서 국내 대형개발사업 및 초고층 사업에 이처럼 외국계 업체가 독차지하는 것은 시행사와 개발사업 컨소시엄, 금융권 등 투자사 사이에서 외국계 업체에 대한 선호 등이 크게 작용했기 때문이다. 또 설계능력이 뛰어난 국내 건축가와 사무소가 있음에도 불구하고 사업성 제고를

위해 외국에 유명한 실적을 가진 해외 스타 건축가를 내세워 홍보를 통해
수요자를 견인하기 위한 것이었다. 광교 신도시 파워센터 프로젝트의 경
우에도 경기도시공사는 세계적인 건축가들의 명품 건축 경연장으로 만든
다는 명분으로 가점대상 건축가 96명을 지정해 발표하기도 하였다. 그러
나 이런 식으로 명확한 기준 없이 국내 건축설계 기술력을 평가절하하고
해외건축가의 무차별적인 참여를 보장하는 시스템은 실질적으로 기본설
계까지만 수행하는 해외 건축사무소의 현실을 볼 때 부여 받은 책임에 비
해 과다한 비용이 지출되어 결과적으로 국부 유출로 이어지는 결과를 가
져오게 된다는 비판이 있다.

해외건축가의 선호는 공공부문에서 보다 제도적인 차원에서 이루어졌
다. 노들섬 오페라하우스 지명현상, 서울시청사 지명현상, 동대문 디자인
플라자 지명현상 등 각종 지명현상 등 제도적 장치를 통해 소수의 세계적
건축가, 소위 '시그니처 건축가(signature architect)'의 설계 참여를 제도적으
로 보장해주었다. 2000년대 이후 도시 경쟁력 확보 차원에서 유명건축가
의 작품이 도시의 새로운 랜드마크가 될 것이라는 기대로 해외 유명건축
가들에게 대규모 공공 프로젝트에 참여할 수 있는 기회를 준 것이다.

현재까지 민간 부문에서 해외건축가에게 설계비를 지급하고 대형 프
로젝트를 맡겨 실제로 완공한 건물이 있었지만 공공부문에서는 그 사례가
드문 형편임에도 불구하고, 도시경관을 새롭게 바꿀 신선한 작품을 공공
건축물로 대할 수 있다는 것은 고무적인 현상이다. 서울시는 실제로 건축
디자인을 포함하는 디자인 마케팅 강화를 통해 도시경쟁력을 2006년 27

위에서 올해 9위까지 끌어올렸고, 금융경쟁력 지표도 53위에서 16위로 30단계나 상승시키는 등 도시 경쟁력에 크게 기여하였다. 또한 해외건축가의 대규모 프로젝트 참여는 도시 경쟁력 차원뿐 아니라 경쟁을 통한 발전이라는 국내 설계산업의 선진화를 위해서도 필요한 일이다. 이렇게 습득한 노하우는 국내 설계사의 전문 설계능력을 향상시킴과 동시에 국내 설계사들이 오히려 해외에 진출하는 데 밑거름이 될 것이다.

그러나 문제는 건축가들이 짓는 건축물의 설계비가 민간 부문에서나 감당할 수 있을 정도로 비싼 데 반해 국내에서는 이들 유명건축가에게 공공 부문 프로젝트에 참가한 대가로 지급할 수 있는 비용이 그리 많지 않다는 데 있다. 따라서 국민의 세금을 추가적으로 사용할 수 밖에 없고, 이에 대한 시민사회의 논란이 여전히 계속되고 있다. 예를 들어, 동대문 디자인 플라자의 경우 당선작에 대해 서울시가 잡은 총 사업비는 2,300억 원인 데 반해 이보다 훨씬 더 많은 3,500억 원의 예산이 투입되어야 할 것이라는 소식이다. 장소의 역사성과 문화적 기억을 살리면서도 예산의 효과적인 집행을 통해서 도시 경관에 새로운 활력을 주는 지혜로운 사업추진이 필요한 시점이다.

이 봉 | 건축사사무소 이움 대표

1. 배경

1.1. 정부정책

건축물이 환경과 인간의 건강에 미치는 영향이 커지고 그 파급효과에 대한 인식이 확산되면서 기후변화와 에너지 위기에 대비한 환경 보존적 지속가능한 개발의 개념이 전 세계적으로 도입되고 있다. 즉 환경친화적 건축(Environmental Friendly Architecture), 지속가능한 건축(Sustainable Architecture), 그린빌딩(Green Building), 생태건축(Ecological Architecture) 등 다양한 이론과 개념으로 지구환경문제에 대처하면서도, 인간에게는 보다 쾌적하고 건강한 삶을 영위할 수 있는 '친환경건축물 구현'을 제도화하고 있는 것이다. 이에 따라 '친환경관련 인증제'를 1990년대 초반부터 전 세계 주요 국가별로 시행하고 있으며, 건축물의 전 과정에서 환경영향을 최소화할 수 있는 기술개발이 촉진되고 있다. 또한 이러한 제도를 통하여 건강한 건축환경의 조성과 삶의 질을 향상시키고 생산성 증대와 에너지소비량 감소로 인한 온실가스 배출저감 효과가 얻어지는 등 건축 전반에서 긍정적인 영향을 미치고 있다.

이렇게 전 세계적으로 친환경건축에 대한 관심이 높아짐에 따라 우리나라에서도 대통령령에 의해 지속가능한 발전 개념이 2007년 8월 3일에 공포, 2008년 2월 4일에 제도로 정착되었는데, 이것이 바로 「지속가능발전기본법」이며, 국가와 지방 간의 지속가능발전 기본전략과 더불어 평가를 통하여 이를 구체화하자는 취지에서 제안되었다. 2008년 8월 15일 이명박 대통령은 8.15 경축사에서 '녹색성장은 온실가스 환경오염을 줄이는 지속가능한 성장이며, 녹색기술과 청정에너지로 신성장동력과 일자리를 창출하는 신 국가발전패러다임'이라며 '저탄소 녹색성장(low carbon, green growth)'을 국가비전으로 선언하였다. 이는 2020년까지 건축물에 의한 온실가스 배출량을 2005년 대비 −4% 수준인 약 6천 3백만 TCO_2(TotalCO₂)로 줄임으로써 약 1조 4천억 원에 해당하는 탄소배출권을 얻어내고, 에너지는 2020년까지 약 1천 8백만 TOE(Tonnage of Oil Equivalent)를 절감하여 약 9조 5천억 원의 에너지 비용절감을 목표로 하고 있다. 구체적인 신성장동력산업 육성책으로는 현재 5%에 해당하는 에너지 자주개발률을 2050년까지 50% 이상으로, 현재 2%에 머물고 있는 신재생에너지 사용비율을 2050년까지 20% 이상으로 올리고, 2020년까지 3천조 원의 시장으로 성장할

녹색기술시장에 대비하고 있다. 또한 LED(Light Emitting Diode)와 무공해 석탄과 같은 그린에너지 기술개발에 연구개발투자를 두 배 이상 확대하여 녹색기술 시장을 선점하고, 신재생에너지를 일반주택 및 공동주택에 설치할 경우 설치비의 일부를 무상지원하는 '그린 홈 백만 호 프로젝트' 사업도 추진하고 있으며, 주택의 경우에는 2025년부터 제로에너지를 의무화할 방침이다. 이어 정부는 2009년 2월 16일 '저탄소 녹색성장'에 따른 조치로 '저탄소 녹색성장위원회'를 개최하고, 2009년 2월 25일에는 「저탄소 녹색성장 기본법 정부안」을 확정하였다. 그리고 2009년 7월 6일 청와대에서 '10대 녹색과제', '녹색성장 5개년 계획'을 발표함에 따라 그린 정책에 대한 추진 주체들의 움직임도 활발히 진행되었다.

이러한 정책에 따라 환경부는 2006년에 환경과 경제의 상생개념을 근간으로, 정부와 지자체 지역민이 함께 환경을 개선하고 환경자원을 활용

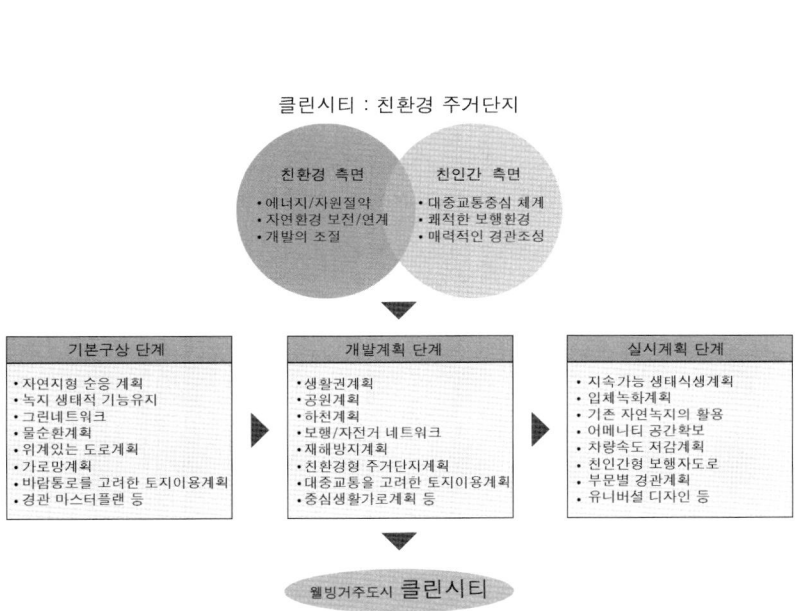

클린시티 개념도

하여 지역을 활성화시키는 사업을 위한 '에코시티(생태도시) 추진지침'을 마련하였다. 이는 바람길·물길·생태길 등 환경 인프라를 조성하고, 생태보전 및 복원, 환경자원과 문화를 결합하는 프로그램으로, 지역의 유지관리 및 일자리 창출을 위한 사회적 기업 등 지역 커뮤니티를 조성하는 것이다. 2009년 7월 15일 국토해양부는 「저탄소녹색도시 조성을 위한 도시계획수립지침」을 제정 및 시행한다고 발표하고, 국토 균형발전 정책의 일환으로 시범도시사업과 시범마을사업으로 나누어 도시나 마을을 특화 발전 또는 개선시키는 사업인 '살고 싶은 도시 만들기' 사업을 진행하였다. 그리고 행정안전부는 국가균형발전을 근간으로 하여 살기 좋은 거점 중소도시 육성 및 지역 만들기 시범사업으로 '살기 좋은 지역 만들기'를 추진하였다. 한편 주택공사는 건강하고 깨끗한 환경을 갖춘 도시모델을 개발하여 친환경도시와 친인간도시 개념이 통합된 클린시티(Clean City) 계획 기준을 수립하고, 친환경 주거도시에 대한 구체적인 개념을 정립하였다. 그리고 이를 환경 및 경관 측면에서 바람직한 개발을 위한 현장조사기법, 평가기준, 정량화된 계획 기준 등 친환경개발의 가이드라인으로 발전시켰다.

토지공사는 이산화탄소의 방출을 원천적으로 저감하여 궁극적으로 이산화탄소 배출을 제로로 하기 위하여 계획단계에서부터 사회, 경제, 환경적인 측면의 지속가능성을 제고하기 위한 여러 기법들을 고려하고, 유기적이고 전방위적인 전략을 통한 지속가능한 탄소중립형 도시를 구축하기 위한 '저탄소녹색 도시계획의 6대 전략[1]'을 수립하였다.

최근에는 정부나 지자체에서 정한 법규 수준보다 친환경적으로 건물

---

1 저탄소녹색 도시계획의 6대 전략 : ① 저탄소녹색 토지이용, ② 저탄소녹색 건축계획, ③ 저탄소녹색 생태환경, ④ 저탄소녹색 에너지자원, ⑤ 저탄소녹색 교통, ⑥ 저탄소녹색 생활양식

을 계획하고 시공하여 인증을 취득하면 용적률 완화나 세제혜택과 같은
인센티브를 제공함에 따라 친환경 관련 인증을 추진하는 프로젝트들이 급
격히 증가하는 추세를 보이고 있으며, 이에 따른 각 지자체별 추진방향들
이 마련되고 있다. 서울시는 공공청사 신축 시 에너지효율 1등급을 취득하
도록 하고 병원 등도 에너지를 40% 이상 절약하도록 하고 있다. 따라서
현재 설계나 공사 중에 있는 공공건축물도 600억 원을 추가로 투입하여 저
에너지 건축물로 건설하고 있다. 민간건축물의 공동주택뿐 아니라 업무용
건물도 에너지효율 2등급(300~350kWh/㎡·y) 이상을 취득하도록 적극 유도하
고, 그 외 건축물은 에너지성능지수(EPI)를 74점에서 86점으로 강화할 방
침이다. 인천시는 2020년까지 온실가스 배출량을 배출전망치(BAU) 대비
30%를 감축하고 국토해양부보다 강화된 자체 조경기준을 마련하여 건축
허가에 적용하기로 했다. 경기도 광주시는 에너지절약 설계기준에 적합할
경우 용적률, 조경, 높이제한을 15% 이내로 완화해주고 있으며, 골조공사
에서 폐자재를 15% 이상 사용하면 용적률, 높이제한을 15% 이내에서 완
화해주고 있다. 부천시는 전국 기초자치단체 중 최초로 부천시 친환경건축
물 인증제를 마련하였다. 대구시는 친환경건축물 인증제도를 의무화하고
건축물의 규모기준은 토의를 거쳐 결정하기로 하였으며, 인증 시에는 취·
등록세를 5~15% 줄여주고 용적률과 높이제한도 2~6% 완화해주고 있다.
울산시는 공공건축, 주택, 일반건축(5층 이상) 등의 건축허가 시 친환경건축
물로 건축하는 조건을 부여하고, 2010년 이후 모든 공공건축물은 친환경건
축물로 설계발주하고 기존 건축물은 녹화사업을 적극 권장하고 있다. 원주

시의 조례안은 500세대 이상의 공동주택 등에 대해 친환경건축물 인증을 권장하고, 1,000m² 이상 공공건축물 신축은 친환경건축물 인증을 의무화하도록 규정하고 있다.

1.2. 제도 및 기준

정부는 산학계와 협업을 통하여 친환경건축물 관련 법, 제도, 기준 등을 속속히 마련하였다. 친환경건축물 인증제도를 비롯하여 서울친환경건축기준, 건축물에너지절약설계기준, 주택성능등급 표시제도, 건물에너지효율등급 인증제도, 친환경주택건설기준, 친환경상품구매촉진에 관한 법률, 자원의 절약과 재활용촉진에 관한 법률, 대체에너지개발 및 이용보급촉진법, 친환경건축자재품질 인증제 등 다양한 인증평가도구를 제정하여 시행하고 있다.

1.2.1 친환경건축물 인증제도

친환경건축물 인증제도에서는 에너지절약, 자원절약 및 재활용, 자연환경의 보전과 쾌적한 건물환경의 확보를 목적으로 건축물의 전 생애주기 동안 발생하는 환경부하를 최소화할 수 있도록 계획된 건축물을 구축하기 위함이다. 이에 따라 친환경건축물의 개념을 '지속가능한 개발의 실현을 목표로, 인간과 자연이 서로 친화하며 공생할 수 있도록 계획·설계되고, 에너지와 자원절약 등을 통하여 환경오염 부하를 최소화함으로써 쾌적하고 건강한 거주환경을 실현한 건축물'이라 규정하고 있다.

우리나라의 친환경건축물 인증제도(KGBCC; Korean Green Building Certification Criteria)는 그동안 별도로 운영해오던 친환경 인증제도인 '그린빌 딩시범 인증제도'와 '주거환경우수주택시범 인증제도'를 통합한 제도이 다. 친환경건축물 인증제도는 국토해양부와 환경부가 친환경건축물 인증 과 관련한 제도를 각각 마련하여 시범적으로 운영해 왔었는데, 유사한 제 도가 중복되어 시행될 경우 혼란이 발생할 수 있고 관련업계의 부담도 가 중될 수 있기 때문에 2000년 5월부터 두 제도를 통합하였다. 여러 차례의 실무협의와 학계 및 업계의 의견수렴 과정을 거쳐 통합제도의 명칭을 '친 환경건축물 인증제도'로 결정하였다. 2001년 12월에 친환경건축물 인증 평가기준을 마련하였으며, 2002년 1월 이후부터 한국토지주택공사, 주택 도시연구원, 한국에너지기술연구원, 크레비즈인증원(CreBizQM)의 4개 기관 이 인증기관으로 지정되어 시행하고 있다.

인증운영기관은 국토해양부의 건축기획팀과 환경부의 환경경제팀에 서 2년씩 교대로 운영하고 있다. 환경부와 건설교통부는 건축물에서의 에 너지 절약과 환경보전을 목표로 '에너지부하 절감, 고효율 에너지설비, 자 원재활용, 환경공해 저감기술' 등을 적용한 친환경건축물의 건설을 유도 하기 위해 친환경건축물 인증기준을 개발하였고, 이를 2002년 1월부터 공 동주택을 대상으로 시행하고 있으며, 현재는 공동주택, 업무용 건물, 주거 복합건물, 학교시설, 판매시설, 숙박시설의 6개 용도의 건물에 대해 친환 경건축물 인증이 이루어지고 있다. 분야는 토지이용 및 교통, 에너지 · 자 원관리 및 환경부하, 생태환경, 실내환경의 4개 전문분야별 1인 이상으로 구성하였으며, 평가 결과는 85점 이상은 최우수, 65점 이상은 우수의 두 개 등급으로 분류하였다.

친환경건축물 인증은 승인된 실시 설계도서로 평가받는 예비인증 단계와 시공이 완료된 후 받는 본 인증 단계로 나뉜다. 각 인증을 취득하기 위해서는 친환경적인 검토를 통해 설계와 시공에 반영된 모든 관련 사항을 최종 평가한 자체평가서를 작성하여 국가에서 지정한 인증기관에 접수하고, 분야별 심사위원으로부터 평가심사를 받은 후 인증기관에 소속되지 않은 별도의 심사위원을 통해 최종심의를 받는 과정을 거쳐야 한다. 예비인증은 서류로 모든 인증절차가 종료되지만, 본 인증 시에는 건설현장에 심사단이 직접 방문하여 2차 심사를 하므로 이에 대한 준비와 대응이 필요하다.

친환경건축물 인증제도의 활성화를 위해 실시근거를 법률에 명시하여 2005년 11월 「건축법」 제58조(친환경건축물의 인증)가 신설되었으며, 2006년 2월에는 「주택공급에 관한 규칙」 13조 3 '가산비용'에서 '친환경건축물 예비인증을 받은 경우 기본형 건축비의 3%에 해당하는 비용'을 분양가에 추가할 수 있게 되어 공동주택에 대한 친환경건축물 인증이 활성화되었다. 뿐만 아니라 2007년 8월 서울시는 에너지 절약, 이용 효율화 등 친환경 설

친환경건축물 인증 마크

계요소를 적극 반영하여 건물로 인한 환경영향 및 온실가스 발생을 줄이도록 하는 '서울친환경건축기준'을 발표함으로써 공공건물에는 의무사항으로, 민간건물에는 권장사항으로 정하였다. 또 민간건물이 기준 이행 시에는 다양한 인센티브를 받을 수 있도록 하여 친환경건축물 건설을 촉진하고 있다. 이와 같은 친환경건축물 인증제도 보급의 노력으로 2002년 3건을 시작으로 2007년 300건의 건축물이 친환경 인증을 받았으며, 최근 친환경건축물 인증의 신청이 더 급속히 늘어나고 있다.

1.2.2 서울친환경건축기준

2007년 8월 16일 서울특별시 예규 제705호에서 기후변화에 대응하기 위해 2020년까지 건물부문 온실가스 200만 톤 감축을 목표로 서울친환경건축기준을 마련하여 공공건물은 의무적으로 기준에 따르도록 하고 있다. 그리고 민간건물에는 기준 이행 시 등급에 따라 지방세 감면, 시공사 및 설계사에 대한 서울시 사업 참여시 가점을 부여하는 등 인센티브를 주며 적극 권장하고 있다. 신축 공공건물이 지켜야 할 기준은 친환경건축물 인증제도 우수등급(70점) 이상, 에너지성능지표 74점 또는 건물에너지효율등급 2등급 이상으로 규정하고 있다. 또한 서울시내 공공건축물을 신축, 증축, 개보수할 때에는 표준건축공사비의 5% 이상(공동주택은 1%)을 신재생에너지시설 설치에 투자해야 한다. 5만m² 이상의 도시개발사업과 주거환경정비사업 등을 추진할 경우 에너지 계획서를 의무적으로 작성해야 하고, 서울시(SH공사)가 건설하는 모든 공동주택에 대하여는 주택성능등급 인증을 받아야 한다. 등급은 플래티넘(Ⅰ), 골드(Ⅱ), 실버(Ⅲ), 브론즈(Ⅳ)의 네 가지로 부여된다.

서울시는 친환경 관련 정책으로 2005년에 기후변화 관련 전담팀인 지구환경팀을 신설하고, 신재생에너지 보급과 녹지공간 확대 그리고 교통 분야 개선을 통한 온실가스 저감 등 기후변화에 대한 주요 대책을 마련하였다. 그리고 민간이 태양광주택 보급사업을 할 경우 10% 이내의 정부 보조금을 지원해주고 있다. 친환경건축물 인증 비용에 대하여는 친환경 최우수 등급일 경우 100%, 우수등급일 경우에는 50% 보조금을 지원하고 있으며, 서울시 친환경건축물의 취득세와 등록세는 Ⅰ~Ⅳ 등급별로 20~5% 감면해주는 인센티브제를 시행하고 있다. 또한 서울시는 신재생에너지의 성과와 의지를 보여주기 위한 랜드마크로서 전기, 가스, 기름 등의 화석에너지를 사용하지 않고 난방과 급탕에 필요한 에너지의 대부분을 태양에너지를 통해 자체적으로 생산하여 외부 공급 에너지와 내부 잉여 에너지의 차이가 제로(zero)가 되도록 하는 에너지제로하우스(EZH) 건립도 추진하고 있다.

1.2.3 건물에너지효율등급 인증제도

건물에너지효율등급 인증제도는 자발적인 신청에 의해 에너지절약적인 건물에 등급을 부여하는 제도이다. 즉 건물의 에너지 성능이나 주거환경의 질 등과 같은 객관적인 정보를 제공받고 건물의 가치를 인정받음으로써 건

서울시 친환경건축물 인증 마크

설사업 주체, 소유 주체, 관리 주체 및 건물 사용자 등 건물과 관련된 모두에게 이익이 돌아가도록 하기 위한 제도이다. 국토해양부는 지식경제부와 함께 신축 공동주택에 한하여 시행하던 건물 에너지효율등급 인증제도를 2010년 1월 1일부터는 신축 업무용 건축물로 확대 적용하도록 하고 있으며, 표준건축물 대비 에너지절감률에 따라 등급을 부여하고, 그 등급에 따라 에너지이용합리화자금(저리융자) 등을 차등 지원하고 있다. 에너지효율 등급은 기존 건축물 대비 총 에너지절감률이 33.5% 이상이면 1등급, 23.5~33.5% 미만이면 2등급, 13.5~23.5% 미만이면 3등급으로 분류된다.

신축 업무용 건축물의 에너지효율 등급 인증을 원하는 건축주 등은 에너지관리공단의 홈페이지를 통하여 인증기관인 한국건설기술연구원 또는 한국에너지기술연구원을 선택하여 신청할 수 있다. 인증은 「에너지이용합리화법」 제21조에 따라 건축물 완공 전 설계도서 등을 토대로 평가하여 인증하는 예비인증과 건축물 사용승인 전 최종 현장 확인을 거쳐 인증하는 본 인증 단계로 나누어진다. 인증기관으로부터 발부받은 인증서를 건축허가 및 취·등록 시 관할지자체에 제출·신청하면 건축기준 완화 및 취·등록세를 감면받을 수 있게 된다. 정부는 에너지저소비용 건축물 보급 활성화를 위해 향후 모든 용도의 건축물에 대한 세부인증기준을 마련하여 설계단계부터 에너지절약을 유도할 계획이다. 또 공공청사 신축 시에는 에너지효율 1등급을 의무화하고, 2011년부터는 기존 건축물까지 그 대상

에너지효율 등급 마크

을 확대하여 국가 온실가스 감축목표달성을 위한 제도적 기반을 조성해나
갈 계획이다.

1.2.4 건축물에너지절약 설계기준

건축물에너지절약 설계기준은 국가 전체에너지의 약 30~40%를 차지하
는 건축물 부문의 에너지를 효율화하기 위해 '건축물에너지절감 혁신방
안('07.9)'의 일환으로 마련되었다. 이 기준은 2020년에 예상되는 에너지소
비량의 15% 절감을 목표로 하여 설계에서 유지관리에 이르기까지 생애주
기 전반에 걸친 에너지효율화를 도모하면서 국민의 자발적 참여를 유도하
기 위해 보강된 설계기준이다. 일정규모 이상의 건물에 신재생에너지설비
또는 저비용 고효율에너지 기자재 설비를 사용하는 경우에는 건축물의 허
가 시 제출하는 에너지절약계획서에 가산점을 부여하도록 2008년 1월 11
일 개정되었다. 국토해양부는 「건축법」 제59조와 「시행령」 제91조에서 에
너지절약설계기준, 에너지절약계획서 작성기준 및 단열재의 두께기준 등
을 규정하여 건축물의 효율적인 에너지 관리를 위한 방안을 마련하고 있다.

1.2.5 주택성능등급표시제도

주택성능등급표시제도는 1,000가구 이상의 주택을 분양할 때 입주자 모집
공고안에 전문 평가기관의 검토를 거쳐 분야별로 1~4등급으로 나눠 주택
성능표시를 의무화하는 제도이다. 이는 소비자에게 본인이 구입하고자 하
는 주택의 성능에 대해 객관적인 정보를 제공하고, 주택의 전반적인 품질

향상을 유도하며, 주택건설기술의 발전에도 기여하고 있는 제도이다. 이것은 국토해양부 「주택법」 제21조 2에 따라 소음, 구조, 환경, 생활환경, 화재·소방의 5개 성능부문에 대해 이를 세부화한 20개 세부성능항목으로 나누어지며, 항목별로 각각 1~4개로 그 등급을 구분하고 있다.

2. 친환경건축 사례

2.1. 친환경건축 인증 건축물 사례

① I'PARK 삼성동(최우수, 2004.07.13)

전경	건축개요
	위　　치 : 서울시 강남구 삼성동 87
	설 계 사 : (주)건원종합건축
	시 행 사 : 현대산업개발(주)
	대지면적 : 32,259m²
	건축면적 : 2,960.50m²
	연 면 적 : 146,482.92m²
	세 대 수 : 449세대
	건 폐 율 : 9.18%
	용 적 률 : 296.32%
	조 경 률 : 50.63%
	주차대수 : 1,253대

〈I'PARK 삼성동〉은 2004년 7월 본 인증을 받은 공동주택으로 여러 가지 친환경건축기술이 적용되어 있다. 강남권의 도시중심에 위치해있음으로써 거주의 편의성이 확보되어 있고, 대중교통의 활성화로 교통유발의

억제효과가 있으며, 단지 내 주민들의 커뮤니티 활성화를 위해 커뮤니티 센터가 계획되어 있다. 자원재활용, 에너지절감, 환경오염 등의 효과를 거두기 위하여 각 세대의 라이프스타일을 고려한 가변형 평면으로 계획함으로써 세대구성원의 변화에 따른 주택개조 시 자재의 낭비를 최소화할 수 있다.

실개천과 연못 등의 수생비오톱과 육생비오톱을 조성하여 주거단지 내 생태환경의 질적 수준을 향상시키고, 약 50%의 녹지 공간율과 단지 내 녹지축 조성을 통해 보다 쾌적한 녹지공간을 조성하였다. 그리고 중수도에 의해 사용한 물을 실개천 용수로 활용하여 수자원절감, 공공수역에서의 오염부하 저감 및 오수처리 시설비용을 감소시켰다. 또 환경마크를 획득한 친환경자재를 사용함으로써 실내에 적용된 자재로부터 실내공기 중으로 방출되어 거주자의 건강에 직접적인 영향을 미치는 포름알데하이드와 휘발성 유기물 등 유해물질을 최소화하고, 기밀시공으로 세대 간의 경계벽에서 발생하는 소음을 차단하여 거주공간의 쾌적성 및 프라이버시를 확보하였다.

② 코오롱건설(주) 기술연구소(최우수, 2005.01.11)

전경	건축개요
	위 치 : 경기 용인시 포곡면 전대리 설 계 사 : (주)조암건축 건 설 사 : 코오롱건설(주) 대지면적 : 1,867.00m² 건축면적 : 604.52m² 연 면 적 : 2,061.28m² 건 폐 율 : 32.38% 용 적 률 : 83.26% 조 경 률 : 33.14% 주차대수 : 17대

〈코오롱건설(주) 기술연구소〉는 2005년 1월 본 인증을 받은 업무용 건축물로 대지 내 옥외공간의 질과 쾌적성 등 대지의 기본적 환경수준을 확보하기 위하여 적정 건폐율을 산정하고 이에 따른 규모를 계획하였다. 또한 대지 주 출입구로부터 108.22m에 버스정류장 등의 대중교통이 확보되어 있으며, 대지 내 20대의 자전거를 보관할 수 있는 보관소와 샤워실을 설치하여 에너지 소비와 공해발생 저감을 유도하고 있다.

적용된 에너지시스템으로는 지열냉난방, 태양광발전의 재생에너지를 사용하고 있으며, 공업화공법으로 현장 내 폐기물 발생을 저감시켰고, 현장에서 발생하는 부산물인 토사를 100% 재활용하여 천연자원을 절약하였다. 전체 포장면적 중 투수성 포장면적을 95.4% 설치하여 집중호우 시 홍수발생 가능성을 줄이고 토양생태계 유지 및 하천 수량, 지하수 수량 확보 등의 효과를 얻도록 하였다. 옥상녹화, 벽면녹화, 가로녹화 등의 다양한 환경녹화기법을 적용하였고, 수생비오톱과 육생비오톱을 조성하여 대지

내 생태환경의 질적 수준을 향상시켰다. 또한 각층 업무공간의 천장 및 바닥마감재로 휘발성 유기화합물 저방출 자재를 사용하여 거주자의 건강에 직접적으로 미치는 악영향을 방지하도록 하였고, 실내에 자동온도조절장치를 설치하여 쾌적한 실내온열 환경조성 및 에너지를 절감하고, 거주자가 직접 조명과 풍량을 조절하도록 하여 쾌적한 실내환경조성 및 업무능률을 향상시키도록 하였다.

③ 삼성 서초사옥

　(최우수, A동-2007.05.16/B동-2008.01.25/C동-2008.08.21)

전경

건축개요

위　　치 : 서울시 서초구 서초 2동
설 계 사 : (미)K.P.F+삼우설계
건 설 사 : 삼성물산(주)
대지면적 : 25,020m²
건축면적 : 11,482m²
연 면 적 : 233,490m²
건 폐 율 : A동-39.98%
　　　　　B동-34.59%
　　　　　C동-53.46%
용 적 률 : 933.21%
층　　수 : A동-지하 7층, 지상 34층
　　　　　B동-지하 7층, 지상 32층
　　　　　C동-지하 8층, 지상 43층
주차대수 : 1,719대
수　　상 : MIPIM Asia Awards(2009)
　　　　　- Business Centres Category

〈삼성 서초사옥〉은 강남역 인근에 신축된 3개 동의 삼성 오피스빌딩 단지 내 건축물로 실내환경, 에너지, 친환경을 추구하는 에코 오피스 건립을 목표로 추진되었다. 이에 따라 건물 디자인과 조화를 이루는 범위 내에서 최적의 에너지 효율 및 쾌적한 사무공간을 조성하고자 건축, 설비, 전기 등 각 분야별로 계획단계부터 기술검토 및 설계반영을 실시하였고, 에코 오피스 건립의 구체적인 실천방안으로 친환경건축물 인증획득을 추진하여 삼성생명빌딩이 2007년 5월, 삼성물산빌딩이 2008년 1월, 삼성전자빌딩이 2008년 8월 친환경건축물 최우수 등급을 취득하였다.

〈삼성 서초사옥〉은 경부고속도로, 서초로 및 강남대로 등에서 다양하게 단지 내로 접근이 가능하며 단지 내 차량 진출입구를 분리하여 차량흐름을 원활하게 하였다. 뿐만 아니라 식재와 더불어 각종 인공구조물을 배치하여 하이테크와 자연이 조화를 이루고 있으며, 보행로의 포장도 빌딩 간을 통합하는 조경의 한 요소로 패턴을 적용함으로써 단지 내 공공보행로는 자연스럽게 차량과 분리된 보행동선을 확보할 수 있게 하였다. 강남역에서 단지로의 진입부에 공공공간인 커뮤니티프라자가 계획되었고, 물산빌딩과 생명빌딩 사이에는 도심의 휴식공간으로 공원이 계획되어 있다. 인공구조물로는 덩굴식물을 식재할 수 있는 가로조형물인, 선큰부 벽천, 포그가든, 조명벤치 등이 계획되어 있다.

에너지 측면에서는 반사형 로이 복층유리를 적용한 커튼월을 통해 하절기 일사유입을 차단하고 동절기 난방부하절감을 유도하였으며, 에너지 절감을 위해 설계단계부터 고효율 장비를 반영하였다. 그리고 공조스케줄

조정, 고효율 인증 조명기기 채택, 저층부 1,2차 펌프시스템, BIPV 등을 통해 연간 전체 에너지의 약 11.3% 절감효과를 얻도록 하였으며, 태양열 급탕설비, 중수설비, 우수재활용 등의 친환경설비를 갖추었다.

실내환경의 질을 높이기 위하여 기준층 사무공간의 외주부 기둥 간격의 장스팬 및 높은 천장고, 외주부 경사천장을 계획하여 근무자의 공간 개방감을 높이도록 하였으며, 친환경건축자재를 사용하여 휘발성 유기화합물 및 포름알데하이드 등을 감소시켜 공기환경 향상을 유도하였다. 또한 방사온도센서를 통하여 공조제어가 가능토록 하였고, DVM를 설치하여 단독 공조가 가능하도록 하였으며, 개별작동 및 중앙제어가 가능한 전동 롤스크린을 설치하여 적정 일조량을 유지할 수 있도록 하여 건물 내의 쾌적성을 확보하였다.

④ 서울중앙우체국(최우수, 2007.07.31)

전경

건축개요

위　　치 : 서울시 중구 충무로 1가
설 계 자 : (주)공간, (주)희림, (주)한길
시 행 자 : 정보통신부 조달사무소
건 설 사 : GS건설(주)
대지면적 : 6,134.80m²
건축면적 : 3,155.55m²
연 면 적 : 72,718,50m²
건 폐 율 : 51.44%
용 적 률 : 710.13%
조 경 률 : 17.42%
규　　모 : 지하 7층, 지상 21층
주차대수 : 294대

〈서울중앙우체국〉은 2007년 7월 본 인증을 받은 업무용 건축물로 기존의 서울중앙우체국 부지를 재사용하여 생태학적 가치가 낮은 토지를 효율적으로 이용하였으며, 초고속정보통신설비 특등급을 설치하여 교통유발 요인을 간접적으로 억제하고 있다. 공업화공법 중 외장 커튼월과 보와 기둥에 PC공법을 적용하여 현장 내 폐기물을 저감시킴으로써 건설 및 운용, 폐기 과정에서 대기나 수계, 토양으로 폐기물을 배출하여 생태계시스템을 파괴하고, 결국 인간건강을 위협하는 요소로의 순환을 방지하도록 하였다. 그리고 우수와 중수를 조경용수로 재활용하고, 열병합발전시스템을 설치하여 난방부하의 20% 이상을 담당하도록 하였다.

대지 내 옥상녹화와 가로녹화를 조성하여 에너지절약은 물론 도시 내 생태환경 및 경관 악화 문제를 개선하도록 노력하였고, 수생비오톱과 육생비오톱을 조성하여 훼손된 생물 서식처의 복원 및 다양성을 증진시키고 환경교육의 장을 제공하였다.

실내환경의 개선을 위해 각층 업무공간의 천장 및 바닥 마감재로 휘발성 유기화합물 저방출 자재를 사용하여 거주자의 건강에 미치는 악영향을 최소화하였고, 베이크아웃과 TAB 및 커미셔닝을 실시하여 실내마감재 및 덕트 내 오염된 물질을 제거하여 쾌적한 실내환경을 조성하였다.

⑤ 누리꿈스퀘어(최우수, 2007.11.12)

| 전경 | 건축개요 |

건축개요

위　　치 : 서울시 마포구 상암동 1605
설 계 사 : (주)희림+(주)삼우
시 행 자 : 한국소프트웨어진흥원
건 설 사 : 삼성물산(주)
대지면적 : 19,138.00m²
건축면적 : 11,438.38m²
연 면 적 : 152,569.07m²
건 폐 율 : 59.77%
용 적 률 : 492.18%
조 경 률 : 27.73%
규　　모 : 지하 4층, 지상 22층
주차대수 : 1,052대

〈누리꿈스퀘어〉는 2007년 11월 본 인증을 받은 업무용 건축물로 단지 출입구에서 약 128m 지점에 버스정류장이 위치해 있어 대중교통의 이용이 용이하고, 초고속정보통신 1등급 설치로 향후 도래하는 초고속정보통신 사회에 대비할 수 있는 기반시설을 사전에 구축해두어 건축물의 사용단계에서 불필요한 개보수 행위를 사전에 예방하고, 각종 미래통신방송 융합서비스를 통해 업무용 건물에서 발생될 수 있는 교통부하 유발요인을 간접적으로 억제하도록 하였다.

건물 외주부에 조광센서를 설치하여 전력에너지를 절약하였고, 태양광, 태양열, 지열 등을 이용하는 재생에너지시설로 화석연료의 사용을 줄이면서 이로 인해 발생할 수 있는 온실가스 배출량도 줄이도록 유도하였다. 또한 전체 포장면적 중 29.25%를 투수성 재료로 설치하여 우수 유출량 감소에 의한 도시홍수 예방기능뿐만 아니라 지하수를 생성시켜 자연

생태계의 순환체계를 이루어줄 수 있도록 하였고, 우수를 조경용수 및 기타 생활용수로 이용하고 중수를 위생용수와 조경용수로 재활용하였다. 생태환경을 고려한 다양한 녹화기법을 적용하였고, 빗물을 저장하는 우수저류 기능을 갖는 수생비오톱을 조성하여 홍수를 예방하고 여름철에는 주변지역의 기온이 지나치게 상승하는 열섬화 현상을 막는 효과를 얻도록 하였다.

업무공간에는 바닥공조시스템 및 억세스플로어를 설치하여 거주자의 요구에 대응한 공간배치의 융통성과 미래의 변화에 대응한 업무공간의 가변성을 확보하고 있다. 실내에는 자동온도조절장치를 채택하여 쾌적한 실내온열환경 조성 및 에너지를 절감하고, 거주자가 직접 조명과 풍량을 조절하도록 하여 쾌적한 실내환경 조성 및 업무능률을 향상시키도록 하였다.

⑥ ING 타워(LEED EB O&M 59 GOLD, 2009.09.07)

전경	건축개요

건축개요

위   치 : 서울시 강남구 역삼동 679−4
대지면적 : 3,587.2m²
건축면적 : 2,034.88m²
연 면 적 : 66,202.39m²
건 폐 율 : 56.73%
용 적 률 : 1119.24%
규   모 : 지하 8층, 지상 25층
주   차 : 515대

LEED 인증 전후 에너지 및 소모자재 비교

가스 : 전년 대비 30% 감소(약 25,000,000원/년 감소)
수도 : 전년 대비 25% 감소(약 30,000,000원/년 감소)
전기 : 전년 대비 10% 감소(약 90,000,000원/년 감소)

이명박 정부의 화두인 저탄소녹색성장 시대를 맞아 친환경건축물(그린빌딩)에 대한 관심이 점차 높아지고 있어 국내 대형 빌딩들은 친환경을 모토로 새 옷을 갈아입는 중이다. 이런 가운데 국내 유일의 그린부동산 펀드를 운용하는 KB자산운용이 KB와이즈스타 사모부동산 투자신탁 1을 통해 인수한 〈ING 타워〉가 2009년 9월 7일 국내에서는 처음으로 세계적으로 권위 있는 미국 USGBC(미국그린빌딩협의회; U.S. Green Building Council)로부터 친환경 빌딩을 입증하는 LEED Gold Grade 인증을 취득했다. ING 타워의 LEED 인증은 신축이 아닌 기존 빌딩도 리노베이션 및 관리시스템의 개선을 통해 그린빌딩으로 거듭날 수 있음을 보여주는 국내 최초의 사례이다.

ING 타워는 고효율 친환경 빌딩으르의 전환을 위해 2009년 4월 말까지 건물 외관, 엘리베이터, 주차장, 화장실 등의 리노베이션 공사 및 통풍제어 시스템을 업그레이드했으며, 빌딩의 친환경 관리를 위해 해당 관리규정을 강화하는 등의 활동을 진행했다. 건물운영 및 관리에 사용되는 각종 자재를 친환경 인증제품으로 전면 교체하고, 수도설비 개선과 전력시스템 자동화를 통해 물과 에너지 사용량을 감소시켰다. 또한 통풍제어시스템 보수로 실내공기 질을 개선하였으며, 전력사용량 실시간기록시스템으로 에너지 사용량을 밀착 관리하도록 했다. 특히 엘리베이터의 경우 홀·짝 층 운행 등에서 벗어나 층별 그룹 운영(동일 층의 승객을 동일 엘리베이터에 탑승시키는 시스템)함으로써 운영속도 및 효율을 극대화하여 대기시간을 15% 이상 단축시키는 에너지절감을 달성했다.

그린빌딩으로 거듭난 ING 타워는 일반 건물에 비해 20~35% 높은 에너지 효율과 연간 350톤의 탄소배출량 감소를 기대하고 있으며, 이는 승용차 3,300대가 서울에서 부산을 왕복 운행할 때 배출되는 탄소량에 해당된다.

⑦ GREEN TOMORROW(LEED NC 2.2 55 Platinum, 2009.09.30)

전경	건축개요
	위　　　치 : 경기도 용인시 기흥구 동백동
	설 계 자 : (주)삼우종합건축
	건 설 사 : 삼성물산(주)
	개　　　관 : 2009년 11월 9일
	대지면적 : 2,456.1m²
	건축면적 : 606.39m²
	연 면 적 : 676.05m²
	규　　　모 : 지하 1층, 지상 2층
	컨 설 팅 : Ove Arup&Partners, Hongkong
	커미셔닝 : Ove Arup&Partners, LA

이 프로젝트는 국내 최초 LEED 플래티넘 등급을 획득한 에너지 제로 건물로 제로에너지하우스(ZEH, Zero Energy House)와 홍보관(PRP, PR Pavillion)으로 구성되어 있다. 건축적인 방법을 통해 건물이 필요로 하는 에너지양을 줄이고, 다양한 친환경 에너지 기술을 적용하여 건축물에서 사용하는 에너지의 양만큼을 자체적으로 생산하여 사용함으로써 연간 에너지 수지를 제로로 유지하도록 계획하였다. 2009년 11월 개관 이후 연간 에너지 사용 데이터를 축적하고 있으며, 건물 에너지효율을 높이기 위한 다양한 실험의 장으로 활용되고 있다. 또한 외부 관람객들에게 공개함으로써 친환

경에너지 건축물에 대한 사회적 관심을 높이는 데 기여하고 있다.

　　Green Tomorrow LEED 인증 항목의 특징으로는 에너지 및 수자원의 효율적 활용이 대표적이다. 무엇보다도 Green Tomorrow는 제로에너지 건축물로 계획된 만큼 높은 에너지 성능을 나타냈다. 미국냉동공조공학회(ASHRAE)가 제시하는 기본 빌딩 조건과 비교하여 연간에너지 비용을 63.7% 저감시켜 성능 초과달성 기준인 45.5%를 훨씬 뛰어넘고 있다. 부지 내 신재생에너지 비용의 비율 또한 건물에너지 비용의 46.8%를 감당하고 있으며, 이는 LEED의 성능 초과 달성 기준인 17.5%를 초과하였다. 수자원 부문의 경우 관개수를 조경용수로 활용함으로써 추가적인 조경용수 사용이 불필요하며, 중수 처리를 통한 하수처리량 100% 저감, 물 사용량 72.4% 저감으로 LEED 기준을 상회하고 있다.

　　Green Tomorrow는 건물의 배치 및 형태, 평면구성 그리고 외부공간의 구성 등에도 친환경 건축의 패시브디자인 요소기술들이 사용되고 있다.

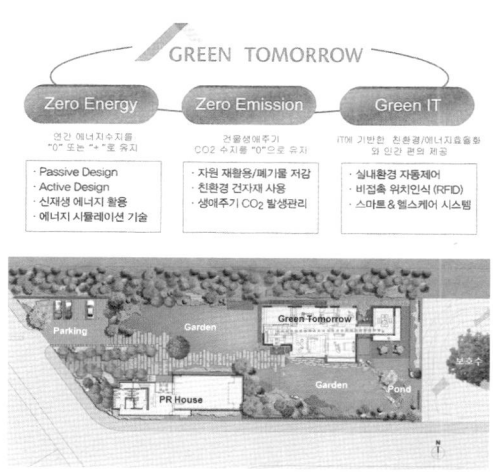

Green Tomorrow의 설계개념 및 배치개념도

건물로 진입하면서 보이는 노목 느티나무의 조망을 확보할 수 있도록 건축물과 외부공간을 동서축으로 길게 구성하였으며, 건물의 실 배치는 거실과 안방 등 주간에 사용빈도가 높은 실들은 남쪽에, 주방과 욕실 등은 북쪽에 배치하여 에너지소비량을 최소화하였다. 동서축의 실 배치로 생기는 어두운 복도 부분에 자연채광을 위하여 천창을 설치하여 조명부하를 줄였으며, 원활한 자연환기를 유도하기 위하여 북측에는 상하부 모두에 환기창을 설치하였다. 건물의 지붕은 남측의 태양에너지를 최대로 수열할 수 있도록 경사지붕의 형태에 PV를 설치하여 후면부에 배치하고, 전면부 지붕에는 식물이 잘 자랄 수 있도록 평탄한 지붕의 형태로 옥상녹화를 함으로써 PV와 녹화식물이 모두 남측 광의 혜택을 볼 수 있도록 배치하였다. 또 우수를 활용한 수생비오톱을 조성하고 보행로 및 주차장 등에는 우수 침투가 가능한 포장재를 사용하였다.

2.2 기타 친환경건축물 사례

① 한국에너지기술연구원(2001.03 준공)

전경	건축개요
	위　　치 : 대전광역시 유성구 장동
	설 계 사 : (주)동우건축
	대지면적 : 121,668m²
	건축면적 : 1,176.98m²
	연 면 적 : 6,164.82m²
	건 폐 율 : 14.29%
	용 적 률 : 29.13%
	층　　수 : 지하 1층, 지상 5층
	주차대수 : 68대
	조　　경 : 대지면적 30% 이상(기존수림이용)
	자 전 거 : 60대(이용 편의시설 완비)

〈한국에너지기술연구원〉은 1994년 중점 추진 연구프로그램인 「Enertech 21」에서 '그린빌딩의 기술개발 및 보급을 위한 기획연구'를 시작한 후 단계별 연구를 거쳐 1997년 초부터 당시 가용한 기술만으로 연구원의 중앙 연구동을 건축, 2001년 3월 국내 최초의 그린빌딩인 그린빌딩 연구동을 완공하였다.

　　그린빌딩에 적용된 친환경기술은 재활용 자재의 사용, 남측면의 더블스킨, 아트리움을 이용한 자연채광, 일사조절 루버, 아트리움의 바닥복사난방, 태양열 급탕, 빙축열시스템, 전열교환기, 중수시스템, 태양광발전, 국부 및 전반조명, 휘발성 유기화합물 저방출페인트, 자전거 이용자 시설, 저내재에너지 자재 이용 등 다양한 에너지절약 및 친환경기술을 적용하였다.

② 이화캠퍼스 복합단지(2008.05 준공)

전경	건축개요
	위　　치 : 서울특별시 서대문구 대현동 설 계 자 : PDA(프랑스)+(주)범건축 시 공 자 : 삼성물산(주) 대지면적 : 539,549m² 건축면적 : 136m² 연 면 적 : 68,657m² 규　　모 : 지하 6층, 지상 1층 구　　조 : 철근 콘크리트 구조 외 장 재 : SST PIN AL CW+로이 복층유리

이화여자대학교는 캠퍼스 내 공간수요의 증가와 지상의 가용부지 부족이라는 당면과제를 해결하고 21세기 이화발전 계획에 적합한 공간창출을 위하여 세계적인 트렌드인 지하 캠퍼스를 계획함으로써 지상은 조경 및 휴게공간으로 활용할 수 있도록 하였다.

국제현상설계를 통해 당선된 〈이화캠퍼스 복합단지〉는 본 건물을 비롯한 지하주차장으로 연결되는 램프공사, 정문 및 복개상부 운동장 공사로 구성되어 있다. 이 프로젝트는 연면적 6만 8천 평의 대공간을 지하 6층으로 구성하고, 주 활동공간을 지하 1층에서 4층에 형성하였으며, 이 가운데에 벨리를 두어 빛을 내부까지 유입시켜 지하지만 지하 같지 않은 친환경적인 쾌적한 공간을 창출하였다.

특히 지중건물의 특성을 십분 활용하여 벨리 양면을 전면 유리로 구성함으로써 자연채광과 자연통풍이 가능하여 에너지 소모를 최소화하고 있다. 연중 일정한 온도를 가지는 지중의 특성을 활용하여 도입외기를 예

냉·예열하는 써멀라비린스(thermal labyrinth) 시스템은 열적인 미로라는 의미의 시스템으로, 지상에서 유입된 외기를 구조체와 지중벽 사이에 설치된 미로처럼 구불구불한 긴 통로를 지나게 하여 공조기에 유입되는 외기온도를 자연적으로 조절하는 시스템이다. 이 시스템은 건축구조 시스템상의 필요로 조성된 이중구조 공간을 활용하여 특별한 기계설비를 필요로하지 않기 때문에 별도의 추가 공사비 없이 구축이 가능하다. 지하에 건축된 이 건물은 동절기에는 대지에서 얻은 열을 본 시스템을 통해 건물 내부로 전달하고, 하절기에는 건물 내부의 열을 흡수하여 폐회로를 순환하면서 지하로 흡수열을 방출하게 하는 지열에너지(soil energy) 시스템이 구축되어 있다. 또한 천장, 벽 또는 바닥패널의 표면온도를 조절하여 실내를 냉각하는 복사냉방을 이용하는 CCA(concrete Core Activation) 시스템 등의 첨단 친환경시스템을 다수 적용한 사례로 친환경적 지하공간개발의 연구사례 및 표준이 될 만한 프로젝트였다.

에너지 가격 급등과 시대적 당면 과제인 친환경적 요소를 반영해야 하는 건축 외적인 여건을 고려할 때 향후 친환경적 에너지절약형 건축물의 수요는 급증할 것이다. 그런 의미에서 이화캠퍼스 복합단지 프로젝트는 이러한 요구조건에 부합하는 건축물로 하나의 이정표를 세웠다고 말할 수 있을 것이다.

③ 건축환경연구센터 ECO-3리터하우스

(연구동 2006.09 준공, 체험관 2008.07 준공)

전경	건축개요
	위　　치 : 대전광역시 유성구 신성동 설 계 사 : 토문엔지니어링건축사사무소 시 공 자 : 대림산업(주) 건축면적 : 1105.68m² 연 면 적 : 3280.35m² 시　　설 : 기둥식 아파트 3가구, 　　　　　벽식구조 4가구 규　　모 : 지하 1층, 지상 3층

2005년 12월 용인연구소에 초에너지절약 시범주택으로 건립한 〈3리터하우스〉는 에너지 절약형 건축기법과 고성능 창호, 고효율 단열재 등 특수자재를 이용하여 평방미터(m²)당 3리터의 연료(등유) 만으로 연중 쾌적한 온도를 유지할 수 있도록 설계된 초에너지절약형 주택이다. 신재생에너지 실용화를 위한 '신재생에너지 및 초에너지절약 시범주택' 연구동으로 2006년 9월에 건립되었으며, 2008년 7월 친환경 저에너지 비전선포식을 계기로 체험관을 신설하였다. 설계는 3Liter/m²year로 되었으나 신재생에너지를 적용하여 제로에너지를 넘어 에너지생산주택으로 시공되었다.

　건축환경연구센터에는 저에너지 친환경 요소기술에 대한 추가적인 연구를 위해 일반 아파트와 같은 평면의 기둥식아파트 3가구, 벽식구조 4가구와 주요 실험실 등을 갖추고 있으며, 태양열, 태양광, 지열냉난방, 풍력발전, 지중덕트, 자연채광, 우수활용, 광촉매페인트 외장 마감 등 첨단 친환경 공동주택기술들이 적용되고 있다. 30kw/h 용량의 태양광 발전시스

템과 지하 150m의 지열을 이용해 연구센터 냉난방을 해결하는 지열냉난
방시스템(20RT)을 적용한 첨단 친환경시스템은 물론, 빗물을 받아 화장실
이나 조경용수로 사용하는 우수시스템도 시범 적용되어 있다. 이밖에 별
도의 전기적 장치 없이 외부의 빛을 모아 지하주차장 등의 자연조명으로
사용하는 '태양집광시스템'도 연구센터에 시범 적용되어 있다. 또한 고성
능 3중 창호시스템, 외단열시스템(0.8W/㎡K), 고기밀시공, 지중덕트를 활용
한 폐열회수환기시스템, 지열을 활용한 고온냉수 및 저온수 바닥복사 냉
난방시스템 등의 에너지절약 기술요소로 구성되어 있다.

3. 맺음말

21세기에 접어들면서 우리의 삶이 지구환경의 생태계와 공생하는 방향을
추구하는 그린패러다임으로 전환됨에 따라 지난 10년간 우리나라의 친환
경 정책도 어느 정도 제도적으로 정착되면서 여러 가지 법안과 제도 및 기
준들이 마련되고 시행되어 왔다. 친환경건축물 인증기준에 따라 등급을
부여받은 친환경건축물들은 일반건축물보다 거주환경조건이나 공간의 질,
그리고 유지관리비 등 에너지 효율적 측면에서도 실질적으로 우위에 있어
야 함은 물론, 분양가, 매매가, 임대료, 임대율 등도 더 높아야만 친환경건
축물로서 의미를 찾을 수 있을 것이며 그 지속가능성도 보장 받을 수 있을
것이다. 또한 진정한 친환경건축물을 양산해 내기 위해서는 현재의 정량

적인 친환경건축물 인증기준으로 만으로는 한계가 있으므로, 친환경건축
의 디자인적, 기술적 요소기술을 어떻게 건축적으로 적재적소에 구사하였
는가도 심사할 수 있는 기준들이 마련되어야 한다. 그래야만 진정한 친환
경적 건축물의 아이디어개발이나 디자인 측면에서도 발전할 수 있게 되어
친환경건축의 목적과 개념을 확실하게 달성할 수 있으며 우리나라의 건축
발전에도 기여할 수 있게 될 것이다.

참고문헌

1. 정지나 외, 『친환경건축물 인증 사례 분석』, 그린빌딩(한국그린빌딩협의회지), v.9n.1, 2008.03

2. 이승민, 박상동, 신기식, 최무혁, 『국내외 친환경건축물 인증기준의 평가항목 비교분석에 관한 연구』, 대한건축학회논문집, 2006. 2.

3. (사)한국그린빌딩협의회 홈페이지(http://www.greenbuilding.or.kr)

4. 서울틀별시 한국토지정보시스템 홈페이지(http://www.klis.seoul.go.kr)

5. 변재은, 『서초 삼성물산빌딩 친환경 건축물 인증 사례』, 삼성건설기술, 2008년 상반기(통권 제 59호), 2008. 6.

6. 김천희, 박덕규, 『이화캠퍼스 복합단지(ECC)와 친환경 건축물』, 대한건축학회, 2008.11

7. 정지나, 김용석, 이승민, 『국내 친환경 건축물 사례 분석/특집주제 : 친환경건축물 인증 사례 분석』, 그린빌딩(한국 그린빌딩협의회지), V.9 n.1, 2008.03.

8. 삼성물산(주), (주)삼우종합건축사사무소, LEED GUIDE BOOK

9. 이봉, 『지속가능한 건축의 패시브디자인』 발언, 2011

10. (주)삼우종합건축사사무소, 『친환경건축계획을 위한 기초자료집』, 2009~2010 『국내건축물의 친환경정책 방향』, 2010, 『친환경사례집』, 2011

사진출처

1. 삼성물산(주), (주)삼우종합건축사사무소, LEED GUIDE BOOK

2. http://www.kpf.com

3. http://www.naver.com

4. http://www.samoo.com

5. http://www.heerim.com

6. http://www.kiera.re.kr

3장

신(新)세대 건축가와 강소(强小)사무소의 등장

: 세계화 과정 속 고독한 전사들을 위해[1]

전진삼 | 『와이드AR』 발행인, 광운대 겸임교수

1. 2000년대 시대변화와 건축의 추이

1999년 '건축문화의 해'를 맞아 숨 가쁘게 뛰어온 건축계는 그 어느 때보다도 3,40대 신진 건축가들의 부상과 새롭게 우리 건축의 리더그룹으로 등장한 50대 건축가들의 개별적 행보가 이 시기에 집중되었다. 건축의 판도도 대형(기업형) 건축사사무소와 아뜰리에형 건축사사무소 그리고 사무소의 규모나 성격 면에서 그 중간 지점에 있는 중형 건축사사무소들의 구조가 확연하게 드러나는 특징을 보였다.

2002년 한 · 일 월드컵 개최에 따른 범국민적 호응은 대중문화의 기반을 광장형 시민정서의 변화된 위상으로 안착시키는 역할을 하였다. 건축문화 또한 이 같은 시대변화에 부응하여 크고 작은 건축 축제의 향방에 반

---

1 철학자 김진석의 책, 『기우뚱한 균형』(2008) 본문 글 제목에서 인용

영하는 한편, 건축가들도 자의적이며 생산적인 문화 이벤트를 기획·운용
하면서 분명 1990년대와는 다른 성숙한 분위기를 느끼게 해주었다.

　건축디자인의 경향에 있어서는 내로라하는 선진 외국의 건축기술이
거침없이 국내로 유입되었고, 그 과정에서 1990년대와는 판이하게 다른
건축 디자인 트렌드를 실험하는 디자인 각축장으로 우리의 건축시장이 내
홍을 앓게 되는 시기이기도 했다. 특히 기업문화를 앞세우는 대형 건축사
사무소의 설계조직이 유인한 외국 건축사사무소 또는 건축가들과의 연대
가 글로벌 한국이라는 사회적 묵인과 협력적 분위기 하에서 합법적으로
우리 건축시장을 유린하는 등 건축 설계 판은 살벌한 생존경쟁의 장으로
천착되고 있었다.

　건축물 디자인의 상향평준화된 듯한 양상은 보기에 좋은 것이긴 하지
만 디자인의 깊이를 조준해보면 건축가의 독특한 세계관이 느껴지는 건축
가는 손에 꼽히는 정도에 불과하였다. 결과적으로 우리가 겪은 건축의 세
태는 주변의 건축 상황을 곁눈질하는 데는 익숙한 반면, 자기 고유의 건축
세계를 언어화시키는 점에 있어서는 역량이 미치지 못하여 세계적 수준의
그물망에서 건져지는 건축수작의 비율이 극소했다는 점도 간과할 수 없을
것이다. 그 많은 공모전과 각종 건축상의 존재 이유가 의심스러워지는 대
목이 아닐 수 없다.

　이 같은 건축계의 흐름은 건축평단의 대응에서 두드러지게 확인가능
한데, 구영민의 『틈의 다이얼로그』(2009), 김정후의 『작가정신이 빛나는 건
축』(2005), 배형민의 『감각의 단면-승효상의 건축』(2007), 이종건의 『중심이

탈의 나르시시즘』(2001), 『텅 빈 충만』(2004), 임석재의 『건축, 우리의 자화
상』(2005). 전진삼의 『조리개 속의 도시, 인천』(2004), 『건축의 마사지』(2009),
함성호의 『건축의 스트레스』(2004) 등의 저작을 통해 우리 건축과 도시가
앓고 있는 문제점들을 낱낱이 서술하고 있다. 동시에 대형 건축사사무소
의 조직적인 플레이에 대응하는 작가주의적 성향 건축가들의 응전에 관하
여 관심을 갖고 있음은 눈길을 모으는 현상이라 할 수 있었다.

2. 건축적 사건의 기록

2.1 새건축사협의회의 창립과 한국건축단체연합 발족

2003년 10월 28일 백범기념관에서 새건축사협의회(이하 새건협)가 창립총회
를 개최했다. 기존의 대한건축사협회(이하 사협회)와 대립 구도로 보일 만한
이 움직임은 수도권을 중심으로 한 4,50대 기성 '건축사'들을 핵심 멤버로

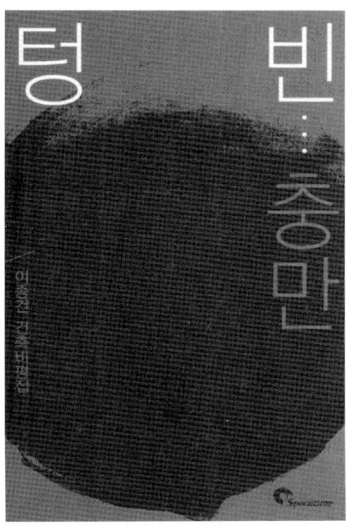

이종건, 『텅 빈 충만』

하여 새로운 건축문화의 창달과 국제적인 설계 경쟁력을 갖추고 건축교육과 건축사 자격의 국제인증문제 해결을 위한 시급한 제도의 정비, 설계 인프라의 구축, 각종 악법 규제의 철폐 및 불공정 비리 행위 근절 등을 실천 과제로 삼고 2년여의 각고 끝에 결실을 맺은 단체이다. 건축의 공공성과 건축사들의 사회 윤리에 주목한 새건협의 공식 출범은 사협회의 기능성 장애를 극복하기 위한 자구책으로 보는 시각이 많았다.

그에 앞서 1999년 11월 WTO체제 아래 우선 해결 사안인 건축사 자격의 국가 간 상호인정 문제, 건축학교육인증원 설치 문제, 건축사 시험 개선 문제 등을 논의하기 위하여 사협회를 비롯한 한국건축가협회, 대한건축학회 세 단체가 연합체 구성에 동의한 바 있던 한국건축단체연합(FIKA, 이하 건축3단체연합)이 2000년 6월 첫 번째 실무자 회의를 개최하였다. 그러나 의사 결정 방식 합의의 충돌 등 일련의 사태로 말미암아 표류하다가 2003년 5월 20일에 이르러 접점을 마련한 끝에 서울 르네상스호텔 4층 토파즈룸에서 건축3단체연합이 정식 발족을 하였다.

이후 건축3단체연합과 새건협의 협력적인 행보가 주목되었지만 현실적으로는 새건협이 기존 3단체를 상대로 한 세력화 싸움에서 밀려난 듯한 분위기를 지울 수 없었고, 제도권 상의 건축 논의 구조에서 분리된 모습이 역력하였다.

2.2 민간 차원의 건축기획 봇물

2000년대 초반 건축 분야 민간단체들의 활약은 눈부셨다. 민족건축인협

의회가 운영하는 〈우리 시대 마을 만들기〉(2003년 8월 14~17일)는 농촌마을
의 변화에 직접 뛰어들어 현시대 건축에서 소외된 문제들을 찾아 해결책
을 모색하는 워크숍으로 진행되었다.

　서울건축학교는 여름 워크숍의 대상 부지를 위도 핵폐기물처리장 반
대운동으로 혼돈이 가중되었던 대단위 간척사업의 현장인 새만금으로 정
하고, 워크숍을 사이트에 인접한 부안 계안초등학교에서 진행하였다(2003
년 8월 2~9일). 중단된 방조제 공사, 개발에 대한 정책의 혼선, 민관의 처절
한 대치 상황 등 사회적 이슈의 현장을 관망하는 것이 아니라 생산적 프로
그램의 양생을 위한 전문가 집단의 목소리를 모으고자 한 워크숍이었다.

　서울에 소재한 네 개 건축전문대학원의 개별 스튜디오들이 연대한 〈광
화문을 걷다〉 프로젝트는 남대문에서 시청, 다시 광화문으로 이어지는 세
종로의 밑그림을 그리는 프로젝트로 월간 『건축문화』와 문화연대가 공동
으로 주관한 행사였다. 현장성이 강화된 퍼포먼스 성격과 전시 및 세미나
형식이 가미된 이 행사는 단위별 도시개발 방안이 아닌 개발의 축을 중시
하자는 의미 있는 행동이었다.

　여름에는 방학을 이용하여 고등학교 재학생들을 위한 대학의 워크숍
이 서울대학교('여름건축학교')와 국민대학교('건축디자인캠프')에서 개최되었다.
대학 입학을 앞두고 있는 고등학생들의 진로 결정에 힘을 실어 줄 수 있는
예비학습이라는 점에서 이 같은 행사는 전국 대학에서 차별적으로 수행되
고 있는 것이기도 했다.

　일부의 반대에도 불구하고 역사적인 청계천복원사업이 삽을 뜬 이래

건축과 미술인들의 청계천 관련 프로젝트의 수행이 잦아졌다. 그중 서울 시립미술관에서 개최한 〈청계천 프로젝트-물 위를 걷는 사람들〉에서는 장윤규와 그가 지도하는 경기대 건축전문대학원생들의 공동 프로젝트가 대중적 관심을 모았다. 그의 전시개념은 '청계 고가는 사람들이 꿈꾸는 도시 속의 구름 같은 산책로' 였다. 전시장 레벨과 청계 고가도로 레벨이 일치하는 지점을 중심으로 다양한 접근을 보여준 것이 주효했다.

2.3 시민운동과 건축 현실의 간극

한편 시민단체의 강력한 반대운동에도 불구하고 덕수궁 근처에 지상 18층 오피스텔이 신축되어 반대운동에 참여하는 이들의 빈축을 사기도 했다. 이 신축건물은 정동이벤트홀과 흥국생명건물 사이에 위치하며 미대사관 터에서 약 130m, 덕수궁에서 약 200m, 경희궁에서 110m 떨어진 곳에 위치하여, 아파트 70세대와 오피스텔 214세대가 입주하게 되어 있었다. 그러나 이 신축건물은 지난 1994년에 도심재개발구역 사업승인과 건축허가를 받아놓은 터라 문화재 보호법망에서 빠져나와 있는 상태로 문화재경관

장윤규, 〈청계천 프로젝트-물 위를 걷는 사람들〉

보호심의 대상 자체가 아니었다. 문제는 2001년 캐나다대사관 부지에 지상 9층 대사관 신축 반대와 2002년 미대사관 내에 15층 규모의 건물 신축을 반대해 온 문화계의 운동에 찬물을 끼얹는 격이라는 점이었다. 외국의 정치적 압력에 굴하지 않으려면 우리 자신을 되돌아보는 기준의 냉정함과 엄격함이 요구된다는 자성의 목소리(유상호, 녹색연합 녹색도시 위원장)가 유난히 크게 느껴진 사건이었다.

2.4 근대 한옥의 위기

이른바 개화기 이후 해방 공간까지 근대 한국의 입지전적 인물과 직접적으로 연루되어 있던 건축물의 보존운동이 발화되었다. 2003년 1월 25일 육당 최남선 가옥(서울시 강북구 우이동 5-1번지) 〈소원(素園)〉이 문화재연구가들의 반발에도 불구, 육당의 후손들에 의해 철거된 사실과 1월 27일 연세대 〈연신원〉이 기습 철거된 것으로부터 촉발되었다.

가옥 〈소원〉은 육당이 강연과 신문 논설을 통해 조선 청년들에게 참전을 적극 독려했다는 친일적 행각과 이미 원형이 훼손되었다는 점을 들어 서울시 문화재위원회가 문화재 지정 대상에서 제외시킨 것이 빌미가 되었다. 〈연신원〉은 1964년 국제선교협의회에서 기증하여 세운 건물로 한때 신학대학원 건물(지상 2층, 연건평 195평)로 쓰다가 1년 전 이곳을 허물고 그 자리에 지상 4층, 지하 4층, 연건평 3,040평의 신학선교센터를 지을 요량이었으나 '연신원 지키기 및 에코 캠퍼스를 위한 모임' 의 학교 내 '역사적 공간 보존운동' 으로 무산된 사례가 있었다.

위기를 느낀 건축도시문화 관련 인사들은 북촌지역단체협의회(문화연대, 북촌문화포럼, 도시연대 등)의 이름으로 고희동 가옥에서 기자회견을 갖고 (주)한샘이 고희동가와 일대의 한옥을 사들여 추진하고 있는 디자인 연구소 건립계획이 북촌이 담고 있는 문화적 흔적을 멸실할 우려가 있어 반대한다는 입장을 천명하며, 서울시가 빠른 시일 내에 고희동 가옥 부지를 매입하고 보존계획을 강구할 것을 촉구했다.

이후 북촌문화포럼 주관 하에 고희동가를 포함한 북촌일대의 답사가 이어졌고, 이 같은 문화계의 적극적인 움직임에 힘입어 서울시는 12억 원을 들여 원서동에 위치한 고희동 가옥 네 채를 매입할 것을 결정하였다. 고희동 가옥은 160여 평의 단층집으로 근대 한국 최초의 일본 유학생이며 서양화가인 고희동이 41년간 살았던 곳이다. 특히 그는 일본에서 귀국한 1918년 원서동에 대지를 매입하고 유학 당시 경험했던 서양문화에 접목한 일본주거의 장점을 우리 한옥에 보완하여 실용적인 절충형 한옥을 직접 설계했던 것으로 알려졌다. 따라서 이 가옥은 근대 초기 우리나라 도시주거형식의 특징을 잘 보여 주는 공간구조로 서울 사대문 안 주거 밀집 지역

고희동 가옥(복원 후)
자료 : 이주연

의 개화기 및 근대 시기의 도심지 한옥의 주거형태 변화를 파악하는 데 주
요한 사료적 가치를 지니고 있는 것으로 학계의 관심을 모았다.

3. 작가주의 중심 건축의 출현

3.1 2000년대 초반, 전시회를 통한 젊은 건축가들의 집단 등장

〈건축과 나〉 전시회(2001년 10월 31일 개막, 서울 강남구 신사동 갤러리 아티그램, 전진삼
기획; 젊은 건축가 10인의 릴레이 개인전 및 사진작가의 기록)가 10일간 10회 연속 개인
전 형식으로 개최되었다. 여기에는 박민철(한국학파의 소생), 장윤규(하이퍼텍스
트 스페이스), 이충기(시뮬라크르), 김동원(네트워크시대의 모순과 건축), 김태철(A
Space in the Space), 강병국(걸리버의 눈), 윤웅원(명필름), 신동훈(괘), 문훈(Chora-
Tao), 최욱(건축가의 일상) 등 10인의 젊은 건축가와 사진작가 이인성이 참여
했다.

2003년에는 위축 일로의 건축설계 시장의 현재를 인정하며 자생적인
건축 프로그램을 준비해 오고 있던 3,40대 건축가들의 전시 〈한국건축의
자생〉(김종헌, 전진삼 공동기획)이 갤러리 우덕에서 개최되었다. 김정주와 윤웅
원, 김재관, 박민철, 박유진, 박종원, 이기옥, 이충기, 이한종, 조남호 등 아
홉 팀의 작업 전은 건축된 결과물을 보여주는 전시 형식이 아니라 건축되
기까지의 프로세스 건축을 지향하며 전시기간 중 1:1 실물 파빌리온을 전
시장에 설치하는 등 관객 참여형 전시기획으로 성황을 이뤘다.

3.2 2000년대 중후반, 작가주의 성향 건축가의 전시 성행

〈함성호의 불만카페〉(2007년 1월 9일~2월 9일)전은 작업 프로세스를 전달하는 회화와 문학과 건축이 어우러진 전시행태를 기반으로 서울 삼성동 테이크 아웃드로잉갤러리 초대전의 형식으로 열렸다.

　〈김종성 건축전시회〉(2007년 3월 15일~4월 14일)는 서울대 박물관에서 '구축의 논리와 공간의 상상력(Tectonic Logic and Spatial Imagination)'이란 주제로 개최되었다. 이 전시회는 근대 건축정신이 한국에서 어떻게 창조되고 진화되었는지 김종성의 건축세계를 통해 탐색하는 계기가 되었다.

　〈Imageable Plate-au : 상상의 대지탐사〉(2007년 10월 5~18일)전은 인천 스페이스 빔 갤러리 우각홀에서 구영민, 박준호 2인 전으로 개최되었는데, 본격적인 페이퍼건축(paper architecture) 전시였다. 전시장 건물은 80년 된 인천의 양조장 건물로 최근 미술공간으로 재생한 곳이다. 두 건축가는 인천의 개발방향에 대한 비판적 고찰을 통해 도시 현상의 특이점에 주목했다. 흑백의 드로잉과 탈장소적으로 구축된 인식의 탑이 설치된 전시장은 비실재적인 세계의 극점에서 개발만능의 도시성을 향한 맹렬한 비판이었다.

〈Imageable Plate-au : 상상의 대지탐사〉
전시회

〈인왕산에서 굴러온 바위 설치〉(2007년 11월, 신승수, 최연숙 공동기획)전도 눈길을 끌었는데, 이는 서울시 도시갤러리 사업 공모 선정 작품이었다. 오래 전부터 서울 사람들이 인왕산에 올라 바위 위에 돌탑을 쌓고 소원을 빌던 풍속에서 착안해 21세기 서울 시민들의 소원을 들어주고 그들의 기억을 모으기 위한 건축가들의 설치작업 전이었다. 이 설치물은 최초의 설치 장소인 경복궁에 정착하지 않고 광화문 일대로 굴러나간다는 전략이 내재되어 있으며 2009년까지 한시적으로 설치되는 전시였다.

이은석의 건축전시회 〈Church & Culture Architecture〉(2007년 12월 14일~16일)는 과천 뱅루즈 사옥에서 서른 여섯 개 교회건축을 중심으로 한 개인전 형식으로 열렸다. 그는 줄곧 한국교회건축의 현대성에 대한 질문과 나름의 해답을 토해온 개신교 교회건축설계의 전문가임을 각인시켰다.

〈프로젝트 U〉(2007년 10월 19일 개막)전은 2005년 출발해 2007년까지 3년 동안 참여 작가들이 부산의 지하철 1, 2, 3호선을 따라 지하철 역 주변의 도시와 건축을 직접 답사하고 공동 토론을 거쳐 글쓰기 작업까지 진행한 프로젝트로, 부산의 대안공간 반디에서 열렸다. 'U'는 프로젝트의 매개인 지하철을 의미하는 언더그라운드 레일웨이의 머리글자이며, 동시에 지하

〈프로젝트 U〉 전시회
자료 : 안용대

가 변화시킨 도시와 숨겨져 있는 '또 다른 부산'을 발견하기 위한 전시의 키워드였다. 김승남, 강윤식, 김명건, 노진석, 안용대, 고인석, 김기수, 안웅희, 양재혁, 우신구, 이상진, 홍순연, 이승현, 이인미 등 건축가와 사진가 및 대학교수 14인이 참여했다.

3.3 우리 건축가의 해외 건축전시

한국건축가의 외국 전시로는 〈베니스 비엔날레 국제건축전〉한국관 전시를 빼놓을 수 없다. 2004년 제9회 베니스 비엔날레 국제건축전은 '변형(Metamorphoses)'을 주제로 9월 5일부터 11월 7일까지 이탈리아 베니스에서 개최되었다. 이 행사의 총 감독은 스위스 출신 건축이론가 포스터(Kurt W. Foster)이며, 47개국의 건축가 150여 명이 국가관, 주제관, 특별관 별로 작품을 선보였다. 한국 건축가는 커미셔너 정기용을 비롯해 김광수, 송재호, 유석연 등이 '방의 도시'라는 주제로 PC방, 노래방 등 한국의 방 문화를 소개했고, 이를 방문한 외국인의 입장에서 보면 즉시 이해하는 것에는 한계가 있다는 지적과 전시 기법과 내용에 대한 논란도 있었지만, 그 전시방법이 이전보다는 진일보했고 세계 건축계를 향해 한국적 이슈를 제시할 수 있다는 가능성을 확인했다는 점에서 의의가 있었다. 또한 '물 위의 도시(Cities on Water)'라는 주제로 전시된 서울, 뉴욕, 바르셀로나, 제노바, 베니스 등 전 세계 열일곱 개 도시의 도시계획, 건축 등의 사업 내용 중 서울시가 제출한 〈청계천 복원사업〉이 대상인 '최우수 시행자상(The best public administration)'을 수상하여 한국건축과 도시에 대한 세계 건축계의 관심을 이끌었다. 이는 이탈리아의 TV와 영국의 BBC 방송 등 유럽 지역 언론들에 의해 집중적으로 취재되면서 서울시의 도시구조 원형회복에 대한 노력과 강력한 추진력이 세계적인 관심을 끌기도 하였다(천의영, 문예연감, 2005).

다음으로 〈2007 프랑크푸르트 한국현대건축전 : Megacity Network〉을 꼽을 수 있다. 이는 한국현대건축을 이끄는 일단의 건축가 그룹이 세계 무대를 향해 합동 전시의 형태로 진출한 사례이다. 김성홍(서울시립대 교수)이 기획을 맡고, 독일 프랑크푸르트의 독일건축박물관에서 개최된 이 전시는 2007년 12월 7일~2008년 2월 12일까지 계속되었다. 이 전시는 한국건축계가 독자적으로 기획해 해외에서 벌이는 대규모 합동전시라는 점에서 의의가 컸다. 참여 작가는 권문성, 김영준, 김인철, 유걸, 유석연, 이종호, 이충기, 정기용, 조남호, 조민석, 조병수, 주대관, 최문규, 황두진과 공간그룹, 정림건축 및 사진가 안세권이었다.

← 〈Megacity Network〉 포스터
→ 〈Megacity Network〉 전시회
자료 : 새건축사협의회

3.4 국내외 건축의 교류와 우리 건축의 국제적 평가

그런가 하면 2002년 화제의 건축가 승효상(그는 2002년 국립현대미술관 초대전의 주인공이다)은 민현식과 함께 미국 펜실베이니아대학이 주최하는 전시에 초대되었다. 이들은 '비어 있음(Structuring Emptiness)'이라는 주제 전시와 함께 현지 강연회를 갖고 돌아왔다.

상대적으로 국내 건축계에 많이 알려지지는 않았지만 김영준은 스페인 카탈루냐 주 정부가 주최한 〈하이퍼 카탈루냐 전〉(바르셀로나 현대미술관)에 초청되어 국제적인 건축 그룹인 FOA, MVRDV, UN스튜디오, WEST8 등과 어깨를 나란히 하고 돌아왔다. 이 전시는 스페인의 성장과 유럽 통합의 여파로 카탈루냐 지역이 남미 노동 인구와 유럽 각지에서 은퇴한 노년 인구의 급격한 유입으로 사회적인 인구증가의 대책이 절실한 상황 하에서 그 대응책을 국토, 문화, 주거 등의 주제로 참가자에게 주문했던 전시였다.

일본에서 주로 활동해 온 한국계 건축가 이타미 준의 회고전이 프랑스 국립아시아예술박물관과 기메미술관 공동주최로 개최된 바 있는데, 그는 현대미술과 건축을 아우른 작가로서 국적을 떠나 세계적인 건축세계를 지닌 건축가로 평가받고 있다.

반면 국내에 들어온 외국 건축가 집단의 전시도 성황을 이루었다. '아키그램-실험적 건축 1961~1974'의 한국 전시 〈아키그램과 함께 춤을〉은 살아 있는 전설인 건축그룹 아키그램의 실존 인물 4인(데니스 크롬튼, 데이빗 그린, 마이크 웹, 피터 쿡)이 내한하여 국내 건축인들과 자유롭게 교류하는 인상적인 모습을 보여 주었다.

국내 건축물이 외국에서 주어지는 주요한 건축상의 수상작으로 선정
되기도 했다. 이영범이 설계한 〈모란미술관 수장고와 노래하는 탑〉이 미
국건축가협회 디자인상을 수상했다. 이 상은 스티븐 홀, 리차드 마이어,
SOM, KPF 등 세계적인 건축가 및 건축그룹과 함께 받은 것으로, 이영범
은 1997년에도 〈삼성어린이집〉으로 이 상을 수상한 경력이 있다.

다른 하나는 구조 부문의 우수성을 인정받은 건축물에 주어지는 2003
'플래티넘' 최우수기술상을 제주월드컵경기장이 수상한 것이다. 이 상은
미국 뉴욕기술자컨설팅협회가 수여하는 상으로 총괄 설계는 황일인(일건
건축)이 관여했고, 구조 부문 설계는 미국의 와이드링거 사가 담당했다.

3.5 중소 규모 사무소 건축디자인의 약진

젊은 건축가 장윤규가 설계한 연극배우 윤석화를 위한 문화공간 〈정미소〉
는 건축의 경계를 모호하게 만든 프로젝트로서 건축디자인 행위가가 아닌
건축 공간 전략가로서 건축가의 포지셔닝을 되묻는 작업이었다. 이는 뜯
어낸 구조체 사이를 천의 장력과 중력을 이용하여 사이 공간을 연극무대

정미소
자료 : 운생동

로 완성하는 건축 프로그램이며, 이후 절개된 바닥을 통하여 공간의 상부
와 하부를 연결하는 투명판의 전시장 콘셉트에 이르기까지 이전 공간에서
는 전혀 상상치 못했던 건축의 내러티브가 돋보인 건축 작업이었다.

최욱이 일본인 동료 히로시 인나미와 함께 설계한 프로젝트 〈ML 빌딩〉
은 동십자각 삼거리 모퉁이 공간에 위치한 대지의 특수성을 해결하는 방안
으로 스케일의 과장과 분절을 적절히 활용하여 다양한 요소를 가진 환경에
적극적으로 개입하는 디자인을 보여 주었다. 또한 최욱은 17평 대지에 두
사람의 예술가를 위한 작업공간 〈스튜디오 스몰〉을 디자인했는데 타일 세
로로 바르기, 철판 그리드 패턴 강조하기, 내부는 좁은 공간의 한계를 극복
하기 위해 백색 페인트로 벽과 가구의 컬러를 마감하기 등 실질적인 방법
들을 동원하여 비좁은 대지와 이웃집의 일조권 사선 제한을 받는 최악의
대지 조건에서 전체적으로 추상성이 강한 현대건축의 일단을 선보였다.

MBC 프로그램 '느낌표(!)'가 계기가 된 〈기적의 도서관〉 1호가 순천
에 건립(정기용 설계)되었다. 이는 기부 문화가 익숙하지 않은 국내에서 새로
운 건축 프로세스의 개발 프로그램이라는 측면에서 주목할 만한 것이었다.

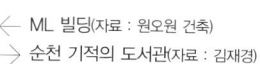

← ML 빌딩(자료 : 원오원 건축)
→ 순천 기적의 도서관(자료 : 김재경)

시민단체 '책읽는 사회 만들기 국민운동' 발의로 실현된 프로젝트로 학교 내 공교육이 무너지는 현실의 대안적 실천운동에 건축이 동행하고 있다는 점에서 특히 그러했다.

근린생활시설 건물 〈12주(柱)〉를 발표한 원희연은 작고 건축가 차운기를 떠올리게 하는 제자로, 거친 표면을 지닌 노출콘크리트 벽면에 수를 헤아릴 수 없는 아크릴 봉이 매입되어 있는 독특한 형태 언어로 눈길을 끌었다. 쓰다 버린 거푸집을 수집하여 재활용하는 등 차운기 생전에 보여 주었던 기하학적 모양과 틀에 얽매이지 않는 조형언어의 맥을 잡을 수 있어 이 시대에도 건축이 여전히 도제적일 수 있는 장르라는 점을 환기시켜 주는 작업이었다.

김원의 파주출판도시 내 프로젝트 〈기한재와 동명사〉는 건축주가 서로 다른 쌍둥이 사옥이다. 이 프로젝트는 김원 특유의 건축언어가 두드러지면서도 그가 늘 궁구하는 '환경에 친밀한 건축'을 위해 적삼목과 복층유리의 외관 및 태양열 집열판을 얹은 모습이 오히려 단아한 노련함을 뿜어내고 있는 수작이란 점에서 주목할 만하다.

이성관 설계의 〈마포장애인복지관〉은 노출콘크리트와 커튼월로 외부마감을 한 건물로 전체 이미지는 견고한 각질의 외피 속에 연질의 프로그램을 보호하면서 저층부에 스크린 역할을 하는 목재 루버 켜를 통해 전면 도로에 의한 강한 광역성을 여과시키고, 내부에 근린성을 확보하여 건축물의 사적 성격과 공공성을 적절하게 조응한 건축물로 평가할 만하다.

재료의 실험성, 매체의 활용 능력, 공간의 상상성 등에서 발군의 능력을 보여 준 건축가로 조민석을 꼽을 수 있다. 그는 헤이리예술마을 내의 〈픽셀하우스〉를 통해 고압시멘트벽돌과 스테인리스 망으로 구성한 오브제로서 건축 대상의 미세한 디테일의 공간 느낌을 표현하는 데 주력하였다.

3.6 눈에 띄는 소수 건축가의 디자인 전략

대다수의 건축가들에게 적용되는 것은 아니지만 소수의 젊은 건축가들이 자기 건축 세계관의 구축을 위하여 전시나 퍼포먼스 등의 이벤트를 통해서 이미지 관리를 하고 있음도 주목할 만했다.

문훈은 포르노그래피로서의 건축 행위의 프로세스를 강조하며, 온라인 매체를 통한 사이버 전시 〈보여 주고 싶은 욕망에 관하여〉를 기획 연출한 바 있다. 천의영은 건축의 오브제화 혹은 일상의 오브제가 건축화 되는 일련의 과정에 주목하는 개인화된 디자인으로 〈건축 재료 미학에 담긴 오브제스케이프(objectscape)〉를 건축화시켰다. 임재용은 풍경을 위한 논리적 미니멀리즘을 주장하고 있는데, 그가 말하는 논리적 미니멀리즘이란 형태의 단순함과 복잡함과는 관계없이 미니멀한 논리 체계에 의해 이루어진

← 픽셀하우스
→ 문훈, 〈보여 주고 싶은 욕망에 관하여〉

작업들을 의미한다. 따라서 그는 작업 과정에서 감성과 직관에 의한 판단을 철저히 배격하고 논리적 사고 체계에 의한 판단을 중시했다.

　이들과 접근 방법의 차이는 있지만 이은석의 경우는 우리 주변에서 가장 홀대하는 장소인 근생시설의 계단실을 부각시키며 그것을 적극적으로 활용한 디자인을 통해 자유롭게 해주자는 강도 높은 주장을 실천했다. 더 이상 계단실은 구석에 가두고 방치하는 시설이 아니라 게이트도 되고 전망대도 되는 자유 획득의 장치가 될 수 있음을 밝힌다.

　이처럼 젊은 건축가들이 보여 주는 과감한 자기표현의 동시다발적 전략은 이전 시대 건축가들의 세계에서는 찾아보기 힘든 것들이었다. 그런 관점에서 특히 주목되는 움직임 중 하나는 일련의 건축가들의 자원에 의해 폐광도시 철암의 비전을 제시하고, 기존 마을 주민과 공생하며, 그 장소의 역사성을 재생할 수 있도록 직접 현장 속으로 뛰어들어 조사, 연구, 실천하는 주대관 등 철암 지역 건축도시 작업팀의 지속적인 활동을 꼽을 수 있다. 이는 건축 사회의 희망으로 조망될 만한 것이다.

4. 한국건축설계시장의 위기와 대응

4.1 주택건설시장 침체와 구조조정

2002 한·일 월드컵 이후 2000년대 중반은 전체적으로 경기가 위축되면서 건설시장은 물론 주택시장 마저 상당히 위축되고 침체된 시기였다. 물

론 경기가 나아질 것이라는 희망적인 바람은 연일 보도되었지만 건축허가 면적과 건설수주물량 등이 구체적인 결과로 확인될지는 아무도 모르는 상황이었다. 그 결과 건축사사무소들은 보다 적은 설계수주물량을 나누어 수주하기 위해 다양한 생존전략을 수립하게 되었으며, 특화된 공존전략을 통해 공동으로 설계를 진행하였고, 반면에 설계대안의 개발이나 영업의 측면에서 경쟁력이 적은 업체들은 도태하게 되는 소위 설계시장 구조조정 성격의 변화가 급속히 진행되었다.

특히 시장이 대소로 양분되는 체제에 따라 중급 병원들과 마찬가지로 중규모 건축사사무소들이 더 큰 어려움을 겪었으며 대형 건축사사무소에 편입되거나 소규모 인원의 원맨(1인) 오피스 형식의 사무소들이 상대적으로 생존에 유리한 것으로 언급되었다. 한편 중규모 건축사사무소들은 상대적으로 인원을 늘리거나 합병을 통해 대형 사무소의 형태로 변화하기도 하였고, 일부 사무소들은 아예 소규모 독립소장 체제의 별도 생존 모델을 만드는 등 건축사사무소의 외형은 동일하지만 내부구조는 다양하게 변화되었다.

특히 이 시기의 두드러진 특징 중 하나로 실무건축가들이 대학에서의 건축설계교육의 실무 강화와 5년제 건축학인증 수요에 맞물려 대학으로 자리를 옮기는 현상들이 많아졌다는 점이다.

4.2 건축설계경기 공모전 추이

지난 10년간 건축설계경기를 통해서도 시선을 모은 작업들이 작가주의 성향의 건축사무소로부터 생산되었다. 대표적인 프로젝트들을 나열하면 다음과 같다.

성동문화예술회관(신창훈, 운생동건축, 2009), 충무공 이순신 기념관(우의정 + 이종호, 건축사사무소 메타 + 한국예술종합학교, 2007), 영남대 개교60주년 기념관(이관직, 이공건축, 2006), 서울시립대학교 종합강의동 법학관 및 종합체육관(신창훈 & 장유규, 운생동건축 + 국민대, 2005), 삼표산업 풍남동 사옥(승효상, 이로재건축, 2002), 인천학생교육문화회관(이용선, 선기획건축사사무소, 2001), 백범기념관(임재용, OCA 건축, 2000), 평택성결교회(주영정, 예조건축, 2000) 등이다.

이상은 월간 『건축사』 500호 기념 부록으로 게재된 '설계경기 연도별 목록(2000~2009)' 총 186작품 중에서 선별한 것이다. 설계경기 프로젝트는 2002~2003년에 집중적으로 성황을 이루었고, 이후 전문지에 발표되는

↑ 〈충무공 이순신 기념관〉 공모 제출안
↓ 〈충무공 이순신 기념관〉 실시설계 조감도
자료 : 메타건축

설계경기의 수는 급감하였다. 턴키 등 대형 프로젝트 수주 경쟁에서 밀려
난 중소 규모 건축사사무소는 간헐적으로 설계경기의 수혜자가 되었으며,
결과적으로 건축설계경기 공모전을 통해 수작을 만나는 기회가 해를 거듭
할수록 줄어들었다.

4.3 대표 저널리즘의 국내 건축가 집중 줌업과 배경

2007년과 2008년 사이 국내 대표 건축저널리즘은 경쟁적으로 작가주의
성향의 중심 건축가 특집을 다뤘다. 서구 건축가 및 건축사사무소들의 국
내 진입에 대한 위기의식의 발로이자 글로벌 건축설계시장의 장기 침체의
여파가 국내 건축저널리즘의 시선을 내부로 돌리게 한 이유가 되었다.

    월간 『C3』(0702호)는 특집작가로 배대용을 주목했다. 그는 홍대 앞
⟨상상마당(Why Butter)⟩을 설계했다. 이 건물은 나비날개에 착안한 곡선의
콘크리트 구조물 형상으로 구조로서의 스킨을 강조하고 있다.

    월간 『C3』(0703호)는 특집작가로 김찬중을 주목했다. 그는 'The Last
House'라는 제목 아래 도시인의 마지막 주거이며 삶과 죽음의 경계 속 건
축으로서의 납골당에 대한 제안을 하였다. 이것은 2006 베니스비엔날레
한국관 출전작이기도 하다. 그는 "서울이 도시민의 삶을 수용하듯이 죽음
도 수용해야 될 것"이라고 주장했다, 라스트 하우스는 도시의 혐오시설로
인식되는 납골당이 일상의 건축으로 자리매김할 수 있도록 시각적이면서
동시에 의미적으로 도시의 랜드마크를 만들며, 또한 현대의 모바일문화를
이용한 콘텐츠 제공이라는 방법론을 제시했다. 110m 초고층타워에 총 5

만 기의 납골함을 안치한다는 발상이 눈길을 모았다. 장묘문화에 대한 건축가들의 사회적 역할에 대한 제고의 기회가 되었다.

월간 『SPACE』(0706호)는 특집작가로 김헌을 주목했다. 글과 건축이 닮은 건축가, 예술의 꿈을 사투하는 건축가라는 평가를 받는 그는 조선향촌사의 으뜸가는 마을로 손꼽히는 경주 양동마을에 현대식 교회 양동교회를 설계했다.

월간 『건축문화』(0705호)는 특집기사로 김승회·강원필을 주목했다. 이는 '공공시설의 비전과 지역성의 재발견-보건소와 의료원에 집중한 12년'의 작업성과를 리뷰하는 특집이었다. 이들은 새로운 보건소의 유형을 제시하고, 지역성을 해석해 새로운 도시건축의 문법을 만들어낸 창조적 건축 집단으로 주목되고 있다.

월간 『SPACE』(0704호)에서는 특집기사로 조병수를 주목했다. 건축은 창조하는 것이 아니라 만드는 것이라는 태도로 사용자의 경험과 본질적인 공간의 경이로움을 로테크 기술과 재료로 풀어내는 지역성이 강한 건축가로 조명되었다.

월간 『SPACE』(0705호)는 특집기사로 김준성을 주목했다. 윌리엄 모리스 뮤지엄, 미메시스 뮤지엄, 제임스 터렐 뮤지엄을 중심으로 건물과 자연, 건물과 건물을 잇는 관계에 대한 건축가의 공간탐구방법에 주목했다.

2008년 1/2월호로 창간한 격월간 『건축리포트 와이드』(이하 "와이드AR")는 국내에서 활동하는 작가주의적 성향의 건축가들을 연속 특집함과 동시에 중견 건축가의 포럼 및 신진 건축가의 데뷔의 장으로 '땅과 집과 사람의 향기'라는 정례세미나를 개최했다. 『와이드AR』이 주목한 건축가는 창간 준비호 특집기사의 황두진을 비롯하여 유걸, 김효만, 조정구, 김인철, 정현아, 박승홍, EAST4 박준호, 오섬훈, 김억중, 김석윤, 김재관, 장윤규, 신창훈, 김우일이었다.

4.4 2000년대 중후반 주요 건축과 디자인 이슈

이 시기 국내 건축가들의 작업 성향은 글로벌 한국의 기치 아래 다져진 디자인의 기술적 누적이 결실을 맺는 경향이 두드러졌다. 또 자신감 있는 건축언어와 신기술과 소재에 뛰어난 적응력을 보이는 건축들이 대거 등장하였고 한옥의 가치가 재발견되었다. 그것들을 몇 가지 유형으로 구분하면 다음과 같다.

첫째, 한국형 중정을 수평적 보이드로 구현한 건물로 파주출판도시 내 〈웅진씽크빅사옥〉(김인철 + 아르키움)을 손꼽을 수 있다. 건물의 투명성과 랜

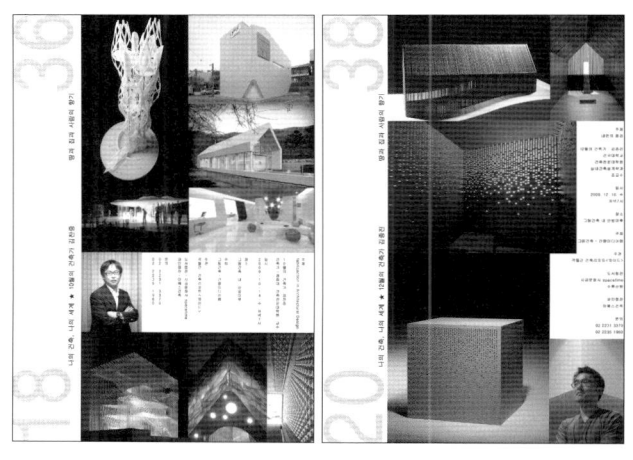

〈땅과 집과 사람의 향기〉 포스터

드스케이프의 조화로운 수법을 엿볼 수 있게 한다.

둘째, 고속도로휴게소의 새로운 지평을 개척한 건물로는 〈덕평자연휴게소〉(인의식)가 있다. 단순 쉼터가 아닌 휴식과 재충전을 위한 고속도로 상의 복합커뮤니티센터로서 주목되었는데 생동감 넘치는 건축의 외부공간은 사용된 소재의 자연친화성과 맞물리며 감동을 극대화시킨다.

셋째, 건축가의 모델하우스 작업이 시선을 모았다. 〈Xi 갤러리〉(민성진, SKM건축), 〈금호어울림주택문화관 크링〉(장윤규 +신창훈, 국민대+ 운생동건축), 〈Xi 갤러리 부산〉(조민석, 매스스터디스) 등 독특한 디자인의 모델하우스들이 주목되었다. 각각은 단순 모델하우스의 성격에서 일탈하여 지역과 기업의 문화적 교감을 매개하는 신개념의 문화충전소로 작동하기에 이르렀다.

넷째, 개신교 교회건축의 전형을 흔든 사례로 〈대전 대덕교회〉(유걸+아이아크 건축가들)를 들 수 있다. 자유로운 평, 입, 단면 그리고 자유로운 시선과 행위를 가능케 하는 설계안으로 다차원적 건축공간의 일단을 드러내며

금호어울림주택문화관 크링
자료 : 운생동

토라에 대한 건축가의 해석의 중요성을 보여준다.

다섯째, 대학 캠퍼스 내 만원 주차장의 해법으로 등장한 고려대학교 하나스퀘어(고광석, 삼우설계)가 관심을 끌었다. 지하 1층, 지상 3층 규모로 자연계 캠퍼스 지하에 526대의 주차공간을 확보하고, 주차가 사라진 지상공간에는 녹지휴게공간을 조성해 학생들에게 보행 중심의 휴게공간을 제공한 프로젝트다.

여섯째, 이 시기 도시한옥을 향한 뜨거운 열기가 모아졌다. 지난 10년간 한옥은 작가주의 건축가들의 새로운 디자인 영역으로 안착되었다. 1990년대 간헐적으로 특정 문화예술인들의 취미 또는 몇몇 상류층의 호사로 여겨지던 한옥이 대중의 관심을 모으고 현대주거생활의 씀씀이에 맞추어 개선·진화되어온 배경에는 중견 건축가 및 젊은 건축가들의 한옥을 대하는 혜안과 전위적 태도가 주효했다. 김영섭의 〈능소헌과 청송재〉, 〈서하재〉, 승효상의 〈삼호당〉, 황두진의 〈취죽당〉, 〈쌍희재〉, 조정구의 〈진원당〉, 최욱의 〈두가헌〉, 서승모의 〈아뜰리에R〉 등이 대표적이다.

4.5 사회적 시선을 건축계로 모은 소식

2007년 가을 제1회 '페차쿠차나이트 서울'이 개최되었다. 전 세계 70여 도시에서 동시다발적으로 개최되는 창조적인 사람들의 모임인 페차쿠차나이트는 젊은 디자이너와 예술가들의 등용문이자 건축을 포함한 각 분야의 벽을 허무는 소통의 장이며 네트워킹파티라는 특징을 갖는다. 유명인과 신인 건축가들, 디자이너들, 예술가들을 초청해 그들의 최근 작업을 20

개의 비주얼에 담아 각각 20초 안에 발표하는 제한적 프리젠팅 방법이 이색적이었다. 페차쿠차나이트는 유명인과 신인의 조합, 빠른 진행, 프리젠팅 이후의 파티 등을 통한 새로운 형식의 교류의 장이다. 젊은 건축인(하태석, 박성태, 최연숙)들이 주축이 되어 운용하고 있다.

문화재청은 서울시신청사 설계안을 조건부 통과시켰다. 2005년 6월 24일 아이디어 공모에서 선정된 최우수작 7개, 우수작 7개 중에서 2006년 4월 12일 삼성물산 컨소시엄이 최종 실시설계적격자로 선정된 이후 1년 만에 설계안이 문화재청 사적분과위원회의 심의를 조건부 통과했다. 문화재청은 2006년부터 수차례의 건립안을 부결시켜온 이유로 '건물의 형태, 규모, 높이 등이 덕수궁 및 역사문화도시 서울의 경관과 조화를 이루지 못한다'는 것을 내세웠다. 그러나 최초의 조건부 통과안이 유홍준 문화재청장의 개입설로 구설수에 올랐고, 디자인안조차 객관적 설득력을 얻지 못해 향후 추진에 난항을 예고했다. 이 같은 예상은 적중했으며, 이후 4차 계획안도 폐기되었고 지자체의 수장이 바뀌면서 유걸이 제안한 현재 설계안으로 결론지어졌다.

제도적으로 특기할 만한 사건이 2000년대 후반기에 이루어졌다. 2006년과 2007년에는 대통령자문기구인 건설기술·건축문화선진화위원회의 활약상이 컸다. 이 위원회는 대통령의 건축에 대한 의지로부터 발현된 것으로 2년 남짓의 짧은 행보를 통해서 '이 달의 건축환경문화' 선정 작업을 펼쳐 〈선유도공원〉, 〈의재미술관〉, 〈마산 양덕성당〉, 〈김옥길기념관〉, 〈전주한옥마을〉, 〈림스코스모치과〉, 〈웰콤시티사옥〉, 〈인사동 쌈지길〉,

〈홍대 앞 예술시장 프리마켓〉, 〈한옥 혜화동사무소〉 등 매월 1차례씩 좋은 건축을 선정해 발표하며 국민들의 건축에 대한 시선을 자극하였다.

또한 위원회 활동의 소산이라 할 수 있는 국토연구원 부설 건축도시공간연구소(초대 연구소장 온영태)가 2007년 8월 17일 개소했다. 이는 전문적인 건축문화의 진흥을 위한 국책 전담 연구소라는 점에서 의의가 큰 것이었다.

2007년 11월 22일 건축기본법이 국회를 통과했는데 건축기본법 제정에 있어서 선진화위원회의 역할이 특히 컸다. 건축에 관한 최상위법인 건축기본법은 선진화위원회가 설치된 이후 1년 6개월 동안 연구용역 및 입법을 위한 사전 작업을 지속적으로 꾸려온 결실이었다. 건축문화진흥과 국가 및 지자체의 건축정책기구 상설 등이 가시화될 전망이란 점에서 주목되었다.

5. 맺음말

2000년대 중반을 지나며 신자유주의 경제의 여파로 인해 국내 건축 설계 판도는 대형 건축사사무소의 활약이 두드러졌다. 이와 동시에 외국에서 공부를 마친 젊은 한국인 건축가들이 대형 건축사무소에 디자이너로 채용되며 속속 귀국하면서, 이들 재능 있는 젊은 건축가들이 설계시장의 소모적인 싸움판으로 내몰리는 부정적인 경향을 보였다. 그들의 존재감은 대형 건축사사무소의 조직 속에서 쉽게 증발됐다. 그렇다고 그들이 대형 사무소로의 직행을 거부하고 일 없이 떠도는 중소 아뜰리에형 사무소를 통해 국내에 연착륙하기 위한 인큐베이팅 과정을 밟았어야 옳았다고도 주장할 수 없는 정황이 연속되었다.

각급 도시는 각종 도시개발사업을 앞세우며 대단위 도시화를 획책하는 바람에 중소규모 건축사사무소의 건축가들이 수임할 수 있는 일거리가 축소됐으며, 경제가 어려운 만큼 토지주들의 건축의지도 실종되었다. 작은 일을 통해 디자인 능력을 실험할 수 있는 기회요인이 척박한 상태에서 일부러 고행의 길을 선택하는 젊은 건축가들을 기대한다는 것 자체가 모순이었다.

국내 건축저널리즘은 소수의 개별 건축가를 주목하면서 한국건축의 자생성에 대해 환기시키고 있지만 실상은 조명된 그들 대부분은 외국에서 공부한 건축가들이라는 점을 묵인할 수 없을 것이다. 이는 국내 대학에서 건축공부를 마치고는 능력을 인정받는 건축가의 대오에 낄 수 있는 사회적 여건이 취약하다는 방증이기도 했다. 이런 정황에 근거한 듯 대학에서 피부로 느낄 수 있는 바는 설계판으로의 진입을 거부하고 다른 길을 찾는 학생들이 급증했다는 사실이었다. 이는 건축 설계판의 불안심리가 극에 달한 증좌라 할 수 있을 것이다. 이 같은 분위기를 파악할 수 있는 또 다른 지표는 내로라하는 실무 건축가들이 속속 대학의 교수직을 택해 전향하는 바람이 일고 있다는 것에서도 찾을 수 있다. 이렇듯 여러 면에서 한국건축을 문화적으로 리드할 수 있는 계층의 인적 구성원들이 흔들리고 있음을 감지하는 것은 어려운 일이 아니다.

도시경쟁력 제고에 디자인 강화 의지가 전체 사회에 확산된 것은 긍정적 요인이 크지만 반대급부로 글로벌 브랜드에 대한 맹목적 추종은 심각한 수준에 이르고 있었다. 글로벌 브랜드의 파고는 외침(外侵)이 아니라 자율적 굴종이라는 데에 문제의 심각성이 있다. 대부분이 정치와 경제 권력의 선택에 따른 것이긴 해도 그 파장은 영세 규모의 건축사사무소를 압박하는 요인이 됐고 나아가 작은 건설회사의 연쇄부도를 방조하는 결과를 낳았다고 해도 과언이 아니었다.

한편 건축 디자인의 향방은 자연과 건축을 가로지르는 복합적 도시경관 만들기가 대세가 되었다. 본격적으로 랜드스케이프 어바니즘(landscape urbanism) 수법이 도시개발과 재생사업의 도구로 등장하였다. 또한 지자체마다 초고층 건축의 아이콘을 앞세운 공간정치의 첨예한 전선이 구축되었다. 그 와중에 고밀도 수직지향의 상징성을 극복하는 저밀도의 수평적 랜드마크의 해석에 대한 다양한 접근이 가능했던 점은 작은 수확이었다.

참고문헌

- 문예연감, 한국문화예술위원회 엮음, 2001~2010
- 계간 『황해문화』, 2000~2009
- 월간 『건축사』, 2010년 12월호(통권 500호 기념호)
- 월간 『C3』, 2000~2009
- 월간 『SPACE』, 2000~2009
- 월간 『건축문화』, 2000~2009
- 격월간 『와이드AR』, 2008~2009
- 이종건, 비평집 『텅 빈 충만』, 2004
- 전진삼, 비평집 『건축의 마사지』, 2009
- 구영민, 비평집 『틈의 다이얼로그』, 2009
- 김정후, 비평집 『작가정신이 빛나는 건축』, 2005
- 새로운 한옥을 위한 건축인 모임, 『한옥에 살어리랏다』, 2007

IV

제도 및 교육

2000 2001 2002
2003 2004 2005
2006 2007 2008
2009

건축 관련 법령 및 제도 변천

조익수 | (주)엄앤드이 종합건축사사무소 대표소장

법령의 제정 및 개정과 변천은 한 사회의 욕구에 의한 결론이기도 하고, 그 시대의 현실을 가장 잘 반영하는 것이기도 하다. 따라서 2000년대를 시작하는 원년부터 10년간 이루어진 건축 관련 법령의 제·개정 내용을 집합·정리하는 것을 통해 2000년대가 우리 건축계에 준 의미는 무엇이며, 2010년 이후의 다가오는 미래는 어떻게 전망할 수 있는지를 알기 위해 그 지나간 자리를 뒤돌아 보고자 한다.

1. 건축 관련 법령의 체계와 범위

건축 관련 법령의 주요 분류체계는 우선 건축의 정의와 관련된 「건축법」을

기초로 하고, 건축행위의 주체인 건축사를 중심으로 한 「건축사법」을 주요 건축법령으로 본다. 여기서는 이 두 법령 가운데서 2000년대에 우리 사회에 주요 이슈로 다가온 에너지 절약과 친환경 개념에 따른 관련 용어와 법령 그리고 새로운 용어의 정의로 의미가 확대되고 있는 도시형 생활주택, 초고층 건축물, 리모델링 등에 관하여 다루었다. 또 새로이 제정된 법령과 「건축법」에 가장 영향을 많이 주는 도시 및 개발 관련 법령을 중심으로 다루었다.

2. 정부의 조직

2.1 건설교통부, 국토해양부 조직개편

1994년 교통부와 건설부를 통합해 만든 건설교통부는 2008년 2월 29일 「정부조직법」에 의해 해양수산부가 일부 기능을 이관받아 국토해양부로 확대 개편되었다. 국토해양부의 주요업무는 국토종합계획의 수립 및 조정, 국토 및 수자원의 보전·이용·개발, 도시·도로 및 주택의 건설, 해안·하천·항만 및 간척, 육운·해운·철도 및 항공, 해양환경, 해양조사, 해양자원개발, 해양과학기술연구·개발 및 해양안전심판에 관한 사무이다[1].

---

1 정부조직법의 주요 내용(국가기록원 나라기록 발췌)

중앙부처조직 및 기능개정	비 고
교육과학기술부 신설(법 제24조)	
행정안전부 신설(법 제29조)	[법률 제8852호, 2008.2.29, 전부개정]
지식경제부 신설(법 제32조)	
국토해양부 신설(법 제37조)	

2.2. 건설기술 · 건축문화선진화위원회

2005년 12월 대통령 직속 자문기관으로 출범한 '건설기술 · 건축문화선진화위원회'는 건설산업을 지식기반 고부가가치 국가전략산업으로 육성하고, 선진국 수준의 국토기반시설의 품격을 확보하며 삶의 질 향상을 위한 지역의 생활공간 개선 등 우리나라를 기술 · 문화 선진국으로 도약시키는데 필요한 중요사항을 심의하기 위해 2005년 8월 25일에 제정된 「건설기술 · 건축문화선진화위원회 규정」에 의해 설치되었다.

　이 위원회는 대통령이 위촉한 위원장 1인을 포함하여 중앙부처장관 14인과 건설기술, 건축문화, 건설산업제도, 지역의 생활공간 개선 등에 관한 지식과 경험이 풍부한 자 중에서 대통령이 위촉하는 자를 포함 30인 이내로 구성하였다. 그리고 실무조정업무를 담당할 '실무조정위원회'를 설치, 위원회의 심의사항과 위원회에서 위임한 사항의 실무적 검토를 수행하고 관계부처 간 이견을 조정토록 하였으며, 건설기술 · 건축문화선진화위원회의 원활한 업무수행을 지원하고 사무처 기능을 수행하기 위하여 건설교통부에 '건설기술 · 건축문화선진화기획단'을 두었다[2].

2.3 국가건축정책위원회

2007년 12월 21일 제정된 「건축기본법」에 의거, 건축 분야의 중요한 정책의 심의 등을 위하여 대통령 소속하에 '국가건축정책위원회'가 설치되었다. 이 위원회의 기능과 구성은 「건축기본법」의 법령에서 논의키로 한다.

---

2 관련 법령, 「건설기술 · 건축문화선진화위원회 규정」 제정 2005. 8. 25 대통령령 제 19016호, 제2차 일부개정 2006. 9.6 대통령령 제19677호

3. 건축 관련 법령의 제 · 개정

3.1 「건축법」

3.1.1 「건축법」 개정 현황
「건축법」은 전면 개정[3]과 관련 법령의 제정 및 개정에 따른 대폭 개정 현황
은 다음과 같다.

3.1.2 「국토의 계획 및 이용에 관한 법률」 제정에 따른 「건축법」 개정
'종전에는 국토를 도시지역과 비도시지역으로 구분하여 도시지역에는 도
시계획법, 비도시지역에는 국토이용관리법으로 이원화하여 운용하였으나,
점차 비도시지역에도 개발의 영향이 미쳐 국토의 난개발(亂開發) 문제가 대
두됨에 따라 2003년 1월 1일부터는 도시계획법과 국토이용관리법을 통합
하여 비도시지역에도 도시계획법에 의한 도시계획기법을 도입할 수 있도
록 「국토의 계획 및 이용에 관한 법률」을 제정함으로써 국토의 계획적 · 체
계적인 이용을 통한 난개발의 방지와 환경친화적인 국토이용체계를 구축'[4]
하고자 2002년 2월 4일 제정하였다.

3.1.3 「도시 및 주거환경정비법」 통합법 제정에 따른 「건축법」 개정
1970년대 이후 산업화 · 도시화 과정에서 대량 공급된 주택들이 노후화됨
에 따라 이들을 체계적이고 효율적으로 정비할 필요성이 커지고 있으나,

---

3 「건축법」 [법률 제8974호, 2008.3.21, 전부개정] [시행2008.3.21]
4 법제처

재개발사업 · 재건축사업 및 주거환경개선사업이 각각 개별법으로 규정되어 있어 이에 관한 제도적 뒷받침이 미흡하였다. 그러므로 이를 보완하여 일관성 있고 체계적으로 관리하고자 「도시 및 주거환경정비법」으로 2002년 12월 30일자로 단일 · 통합 제정하였다.

3.1.4 문장정비에 의한 전부개정

2008년 3월 28일 법 문장을 이해하기 쉽게 정비하려는 목적으로 법 문장을 원칙적으로 한글로 적고, 어려운 용어를 쉬운 용어로 바꾸며, 길고 복잡한 문장의 체계 등을 정비하여 간결하게 하는 등 국민이 법 문장을 이해하기 쉽게 정비하고자 전부 개정하였다.

3.1.5 「환경 · 교통 · 재해 등에 관한 영향평가법」 개정에 따른 「건축법」 개정

2008년 3월 28일 「환경 · 교통 · 재해 등에 관한 영향평가법」에서 교통영향평가를 분리 · 시행함에 따라 「건축법」을 개정하였다. 영향평가법의 주요 개정은 환경 · 교통 · 재해 · 인구영향평가 등 성격이 서로 다른 평가제도를 통합 · 운영하면서 평가제도 상호 간에 중복현상이 발생하는 등의 문제점이 제기됨에 따라 이를 개선하기 위하여 「환경 · 교통 · 재해 등에 관한 영향평가법」에서 교통영향평가를 분리하여 시행하되, 종전의 교통영향평가를 교통영향의 분석 및 개선대책을 수립하는 제도로 대체하고 그 심의절차를 개선하였다.

「건축법」 개정 주요 연혁	개정 내용
[법률 제6655호, 2002.2.4, 타법개정]	도시계획법과 국토이용관리법을 통합, 「국토의 계획 및 이용에 관한 법률」 제정
[법률 제6852호, 2002.12.30, 타법개정]	각각 개별법으로 규정되어 있던 재개발사업 · 재건축사업 및 주거환경개선사업을 「도시 및 주거환경정비법」으로 단일 · 통합 제정
[법률 제8974호, 2008.3.21, 전부개정]	법 문장을 이해하기 쉽게 정비
[법률 제9071호, 2008.3.28, 타법개정]	「환경 · 교통 · 재해 등에 관한 영향평가법」에서 교통영향평가를 분리 · 시행

3.1.6 특별설계구역 지정제도[5] 도입

조화롭고 창의적인 건축물의 건축을 통하여 도시경관의 창출 및 건설기술 수준을 향상시키기 위해 특별건축구역 지정제도를 도입하는 「건축법」을 2007년 10월 17일에 일부 개정하였다.

특별설계구역 지정제도의 주요 내용은 다음과 같다.

* 조화롭고 창의적인 건축물의 건축을 통하여 도시경관의 창출과 건설기술 수준향상 및 건축 관련 제도개선을 도모하기 위하여 관계 법령의 일부 규정을 적용하지 않거나 완화 또는 통합하여 적용할 수 있도록 지정하는 구역을 특별건축구역이라 정의[6]하였다.
* 이 특별건축구역에서 건축기준 등의 특례를 적용하여 국가, 지방자치단체 또는 대통령령으로 정하는 공공기관이 건축하는 건축물과 대통령령으로 정하는 건축물로써 허가권자가 인정하는 건축물로 규정[7]하였다.

---

5 [시행2008.1.18] [법률 제8662호, 2007.10.17, 일부개정]
6 「건축법」 제2조제1항제19호 신설
7 「건축법」 제60조의2 신설

• 특별건축구역에서 건축기준 등의 특례를 적용하는 건축물은 건폐율·
대지안의 공지·높이제한 등 일부 규정과 「주택법」에 따른 주택건설
기준 중 일부와 기타 법령에 대해 대통령령으로 정하는 절차·심의방
법 등에 따라 그 일부 또는 전부를 완화하여 적용할 수 있도록 허용[8]하
였다.

3.1.7 기타 주요 「건축법」 개정 연혁

「건축법」 개정 연혁	개정 내용
[법률 제6370호, 2001.1.16, 일부개정]	• 지정·공고 구역 내 위락시설 및 숙박시설 등의 사전승인 과 건축위원회의 심의를 거쳐 건축허가를 하지 아니할 수 있도록 함 • 건축허가 전 도지사의 승인을 얻어야 하는 건축물의 범위 를 확대 • 건축현장 조사·검사 및 확인결과 허위 보고 건축사 처벌 강화
[법률 제6733호, 2002.8.26, 일부개정]	• 재해위험구역을 재해관리구역(災害管理區域)으로 명칭 변경 • 시·도지사가 상습침수구역 등에 대하여 재해관리구역으 로 지정 허용
[법률 제6916호, 2003.5.29, 타법개정]	• 저소득자·무주택자 등 약자에게 우선적으로 주택공급 배려 • 건설교통부장관의 주택종합계획을 수립·시행(법 제7조) • 리모델링 추진 기준·절차 등을 규정
[법률 제7511호, 2005.5.26, 일부개정]	• 건축물의 마감재료 기준에 실내 공기질에 관한 부분 추가 • 건축허가의 제한, 건축사가 아닌 자가 설계할 수 없는 건축 물의 종류
[법률 제7696호, 2005.11.8, 일부개정]	• 건축허가 사전결정제도 도입(법 제7조 신설) • 건축허가 대상 건축물 등의 확대 • 대지안의 공지확보 기준 마련(법 제50조 신설) • 친환경건축물인증제도 도입(법 제58조 신설) • 건축분쟁조정위원회 기능 및 운영 개선

---

8 「건축법」 제63조 신설

[법률 제7715호, 2005.12.7, 타법개정]	• 토지이용규제를 수반하는 지역 지구 등의 신설 제한 • 지역 지구 등 안에서의 행위제한 내용 통일성 유지 • 토지이용규제심의위원회의 설치 및 운영
[법률 제8219호, 2007.1.3, 일부개정]	• 건축물의 건축에 관한 심의를 건축위원회에서 통합 심의 • 85제곱미터 미만인 증축·개축 등은 건축사 의무 설계 범위에서 제외
[법률 제9049호, 2008.3.28, 일부개정]	• 본인 및 계열회사를 공사감리자로 지정한 자의 처벌규정 신설
[법률 제9103호, 2008.6.5, 일부개정]	• 방화에 지장이 없는 내부 마감재료를 사용하지 아니한 관련자 벌칙 규정
[법률 제9437호, 2009.2.6, 일부개정]	• 주요 구조부를 해체하지 않는 대수선의 건축신고 범위 확대 • 건축물 에너지 효율등급 인증제도 도입
[법률 제9594호, 2009.4.1, 일부개정]	• 건축분쟁조정위원회를 정부위원회 정비계획에 따라 폐지 • 필요시 건축위원회에 건축분쟁전문위원회 설치 허용

3.2 도시형 생활주택

3.2.1 추진배경

경제개발 5개년 계획에 의한 경제의 발전과 함께 주거형태는 단독주택에서 아파트로 급격하게 변화되었으나 주로 대형 평형 위주로 개발되었다. 따라서 1세대 내지는 1, 2인 가구[9] 등 소규모 가구는 꾸준히 증가하는 사회적 변화에도 불구하고 이들이 주로 거주할 수 있는 소형주택은 감소[10]하였다.

---

9 국토해양부 1~2인 가구 : ('95) 183만 가구 → ('05) 669만(전체 가구의 42%) → ('20) 895만
10 65㎡ 이하 주택재고 비율 : ('85) 53% → ('95) 42% → **('05) 40%**

전용면적별 공급 현황

구분	2001	2002	2003	2004	2005	2006	2007
85㎡ 초과	16.0%	18.9%	23.5%	24.3%	27.5%	36.3%	37.5%
85㎡ 이하	84.0%	81.1%	76.5%	75.7%	72.5%	63.7%	62.5%

20세대 이상에 대한 「주택법」 적용으로 사업인가절차와 건설기준(분양 가상한제, 부대시설, 소음기준 등)이 강화되면서 사업비 증가와 좁은 대지 내 주차 공간 확보의 어려움 등으로 소형주택 공급 활성화가 저해되었다. 따라서 「주택법」이 적용되지 않는 19세대 이하로 단지를 분할, 연접 개발하여 열악해지고 안전성도 저하되는 주거환경의 현실을 감안하고, 급증하는 1, 2인 가구의 증가에 대응하며, 독신자, 독거노인, 학생 등의 주택 수요에 대응하고자 하는 새롭고 다양한 주택유형의 소형주택 보급이 필요하게 되었다. 이는 1, 2인 가구의 주거안정을 도모하고, 사회문제화 되었던 고시원 주거 문제를 근본적으로 해소하기 위한 방법이라 할 수 있다.

3.2.2 법령의 추진현황

이와 같이 새로운 주택유형으로 '도시형 생활주택' 의 제도적 도입을 추진하여 2009년 2월 3일 「주택법」을 개정하였다. 이 '도시형 생활주택' 의 개념은 「주택법」 제2조 제4호 용어 정의에서 '150세대 미만의 국민주택 규모에 해당하는 주택으로써 대통령령으로 정하는 주택(2009년 4월 21일 「주택법」 시행령 및 주택건설기준 등에 관한 규정 개정)으로 기반시설이 부족하여 난개발이 우려되는 비도시지역을 배제한 도시지역에 주택건설사업계획 승인을 받아 건설하는 20세대 이상의 공동주택' 으로 정의하였다.

이들 도시형 생활주택의 주택유형은 세대당 주거전용면적 85㎡ 이하의 주거층 4층 이하, 연면적 660㎡ 이하의 '단지형 다세대', 세대당 주거전용면적을 12㎡ 이상 30㎡ 이하로 하고, 세대별 독립된 주거가 가능하

도록 욕실과 부엌을 설치하여 하나의 공간으로 구성된 '원룸형', 세대당
주거전용 면적을 7m² 이상 20m² 이하로 하고, 취사장·세탁실·휴게실은
공동으로 사용하는 '기숙사형'으로 분류하고, 건축법상 건축물의 용도는
공동주택으로 분류하였다.

　이와 관련하여 건설기준을 일부 완화하였는데 그 내용은 「주택건설기
준 등에 관한 규정」의 주택건설기준 중 주거환경과 안전 등에 관한 영향
이 적은 소음, 배치, 기준척도는 적용에서 제외(규정 제7조 제10항)하였고, 시
설의 필요성이 낮은 관리사무소·조경시설 등 부대시설, 놀이터·경로당
등 복리시설 규정은 설치의무 면제 및 완화(규정 제7조 제10항)하였으며, 주차
장 설치 기준과 관련하여 원룸형 주택은 규정 제27조 제1항으로 완화토록
하였다[11].

3.2.3 「주택법」의 '도시형 생활주택' 관련 법령 제·개정 현황

법령 제정 연혁	비고
「주택법」	[법률 제9405호, 2009. 2. 3, 일부개정]
「주택법 시행령」	[대통령령 제21444호, 2009. 4.21, 일부개정] 주택건설기준 등에 관한 규정 개정
「주택법 시행령」	[대통령령 제21810호, 2009.11. 5, 일부개정]

---

11 국토해양부 자료 발췌

3.3 초고층 건축물

3.3.1 정의

현재 우리나라는 다수의 초고층 건축물이 건축되었거나 공사 중 또는 설계 및 기획 중에 있다. 향후 초고층 건축물은 경제발전과 경제력의 상징이 될 전망이며, 따라서 초고층 건축물의 건설 증가가 예상되고 있다[12]. 초고층 건축물은 랜드마크 기능으로 도시의 경관이나 스카이라인, 도시인의 거주환경, 교통, 안전 등에 미치는 영향이 크므로 사전에 구체적인 법적 기준을 마련하는 것이 중요하다. 따라서 초고층 건축물의 재해 및 재난 시의 안전, 피난, 방재 및 구조기준 등의 적용기준이 필요하다고 보아 2009년 7월 16일 [대통령령 제21629호 일부개정]으로 개정된 「건축법시행령」 제2조(정의) 제15호에 "15. '초고층 건축물'이란 층수가 50층 이상이거나 높이가 200미터 이상인 건축물을 말한다"로 신설하여 초고층 건물의 일차적 정의를 규정하였다.

3.3.2 주요 내용

이와 같은 초고층 건축물의 정의를 기초로 초고층 건축물의 거주인원과 높이 및 규모를 고려할 때 재해 및 재해 시 일시에 많은 인원이 피난층까지 대피할 수 있도록 피난계단의 수용 능력과 피난 거리 등을 고려해야 한다. 따라서 직접 지상으로 통하는 피난층 이외에 재해 시의 안전을 고려하여 피난층 또는 지상으로 통하는 직통계단과 직접 연결되는 '피난안전구역'[13]

---

12 초고층(50층 이상) 건축물('10. 8. 국토부 기준) : 100개소(준공 23, 공사중 39, 허가 32, 설계ㆍ계획 6)
13 「건축법시행령」, 제34조(직통계단의 설치) 3항 ③ 초고층 건축물에는 피난층 또는 지상으로 통하는 직통계단과 직접 연결되는 피난안전구역(초고층 건축물의 피난ㆍ안전을 위하여 지상층으로부터 최대 30개 층마다 설치하는 대피공간을 말한다. 이하 같다)을 설치하여야 한다. 〈신설 2009.7.16〉

의 설치를 새로이 규정하였다.

또한 공동주택과 위락시설이 같은 건물 내 설치되는 복합건축을 제한하는 「건축법시행령」 제47조(방화에 장애가 되는 용도의 제한)[14]를 개정하여 거주자의 사생활 보호와 방범, 방화 등 주거안전을 보장하고, 소음, 악취 등의 주거환경을 보호하도록 하였다. 또 주택의 출입구, 계단 및 승강기 등을 주택 외의 시설과 분리할 경우 공동주택과 위락시설이 한 건축물 내 설치하는 것을 허용[15]하였다[16].

3.4 리모델링 제도

무분별한 공동주택의 재건축 추진으로 인한 사회·경제적 낭비요인을 제거하기 위해 기존 주택의 리모델링을 통해 기존 구조체를 존치한 상태에서 설비 및 마감재를 교체하여 주택의 기능을 향상시키고 내구수명을 늘려 자원을 재활용(recycling)하고 주택의 수명[17]을 연장함으로써 주거환경을 개선해야 할 필요성이 대두되고 있다. 건축물 재고(stock)를 건축물의 생애주기(life-cycle) 차원에서 유지관리하고 개선해야 할 필요가 증대됨에 따라

---

14 「건축법시행령」 제47조(방화에 장애가 되는 용도의 제한) ① 제49조 제2항에 따라 의료시설, 노유자시설(아동 관련 시설 및 노인복지시설만 해당한다), 공동주택 또는 장례식장과 위락시설, 위험물저장 및 처리시설, 공장 또는 자동차 관련 시설(정비공장만 해당한다)은 같은 건축물에 함께 설치할 수 없다. 다만, 다음 각 호의 어느 하나에 해당하는 경우로서 국토해양부령으로 정하는 경우에는 그러하지 아니하다. 〈개정 2009.7.16〉

15 「건축법시행령」 [대통령령 제21629호, 2009. 7.16, 일부개정] 제47조 1항 제3호 신설
'3. 공동주택과 위락시설이 같은 초고층 건축물에 있는 경우, 다만 사생활을 보호하고 방범·방화 등 주거안전을 보장하며 소음·악취 등으로부터 주거환경을 보호할 수 있도록 주택의 출입구·계단 및 승강기 등을 주택 외의 시설과 분리된 구조로 하여야 한다.'

16 「건축법」 제49조(건축물의 피난시설 및 용도제한 등) ② 대통령령으로 정하는 용도 및 규모의 건축물의 안전·위생 및 방화(防火) 등을 위하여 필요한 용도 및 구조의 제한, 방화구획(防火區劃), 화장실의 구조, 계단·출입구, 거실의 반자 높이, 거실의 채광·환기와 바닥의 방습 등에 관하여 필요한 사항은 국토해양부령으로 정한다.

17 평균 주택수명 : 영국 141년, 미국 103년, 프랑스 86년, 독일 79년, 우리나라 20년

건축물의 에너지절약을 유도하고 재건축에 따른 자원낭비와 건설폐기물의 발생을 억제[18]할 수 있는 제도의 마련이 필요하게 되었다.

이러한 배경에 의거하여 2001년 9월 15일 [대통령령 제17365회]로 「건축법시행령」을 일부개정, 기존건축물의 노후화 억제 및 기능개선을 촉진하기 위하여 20년 이상 경과된 건축물에 대하여 증 · 개축 등의 리모델링을 실시하는 경우에는 건폐율과 높이제한 등의 건축기준을 완화하여 적용할 수 있도록 하였으며, 사용승인 후 20년 이상 경과된 건축물에 대하여 증 · 개축 등의 리모델링을 실시하는 경우에는 건축위원회의 심의를 거쳐 건축물의 건폐율과 용적률 및 높이제한 등의 건축기준을 완화하여 적용할 수 있도록[19] 규정하였다.

이를 위해 아파트 등 공동주택의 리모델링 추진 시 국민주택기금에서 금융지원을 할 수 있도록 하고, 리모델링 주택조합을 구성할 수 있도록 하였다. 그 밖에 리모델링이 실제 가능하도록 허가 · 사용검사 · 하자보수 규정, 관계법령의 인 · 허가 의제 등 사업추진 절차를 마련하였다. 이러한 리모델링의 촉진에 관련하여서 건축법령에서도 행정절차의 간소화, 건축기준의 완화 등 필요한 제도개선을 함께 추진하였다. 한편 기존주택의 관리 부분을 보강하기 위하여 현재 대통령령인 「공동주택관리령」의 내용 중 공동주택관리규약, 안전관리계획수립, 안전교육, 안전점검, 장기수선계획, 공동주택 관리준칙 등 중요사항을 법률로 승격하여 제도를 강화하였다.

---

18 '20070626104140_070615 리모델링 제도의 이해' 국토해양부 자료 발췌
19 「건축법시행령」 제6조 제1항 제5호 신설

4. 「건축사법」

4.1 「건축사법」 개정의 내용과 의미

「건축사법」 개정의 주요 내용은 건축사 자격기준의 강화 및 건축사 자격 관리의 완화, 건축사 보수기준의 자율화, 업무등록 제도의 도입 등으로 나타나고 있으며 세부적인 내용은 다음과 같다.

4.1.1 건축사 응시자격의 강화

「건축사법」에서 나타나는 법령의 주요개정 내용은 1986년부터 1994년까지 기간에 논의된 GATT 체제하의 '우루과이라운드(UR)' 협상에서 논의된 지적재산권 내용에 기준하여 건축사면허의 국가 간 상호인정에 따른 시장 개방을 전제로 하였다. 그 내용은 건축사 자격기준의 강화이며 1차로 건축사자격시험 응시자격자의 기준을 9년 이상 경력자에서 2010년 이후에는 고등학교를 이수한 졸업자 이상으로 응시자격을 강화하였고, 건축분야 기술사 및 산업기사는 일정기준 경력이행 시 건축사자격시험 응시자격을 부여하였으나 건축사예비시험 합격을 전제로 응시자격을 부여토록 강화[20]하였다.

4.1.2 건축사예비시험 응시자격 완화

반면에 건축사예비시험 응시자격을 일정기간 수료 후에서 졸업 전이라도 건축사예비시험 응시자격을 부여[21]하였다.

---

20 「건축사법」 [법률 제6503호, 2001.8.14]
21 「건축사법」 [시행 2005.7.13] [법률 제7593호, 2005.7.13]

4.1.3 건축사 자격 관리의 완화

- 건축사 관련 각종 규제를 폐지 또는 완화하여 자유로운 경쟁여건을 조성함으로써 건축설계분야의 경쟁력을 높이려는 목적 하에, 건축사가 되고자 하는 자는 건축사자격시험에 합격하고 건설교통부장관의 면허를 받아야 하였으나 이를 자격제로 일원화 하였다[22].

- 건축사사무소등록제를 신고제로 전환, 5년마다 사무소 등록을 갱신하도록 하던 것을 폐지하여 등록갱신에 따른 불편을 해소 하였다[23].

- 건축사가 저작한 설계도서를 건축사협회에 신고하도록 하던 제도를 폐지 하였다[24].

- 건축사협회의 설립 및 회원가입을 자율화하여 경쟁을 통하여 회원들에게 더욱 질 좋은 서비스가 제공되도록 하였다[25].

4.1.4 건축사 업무 수행실적관리제도 도입

건축사의 설계·공사감리실적을 유지·관리하여 건축주의 요구가 있는 경우에는 자료를 제공함으로써 건축사의 업무실적과 기술능력을 판단할 수 있도록 하는 건축사 업무수행실적관리제도를 도입[26]하였다.

---

22 「건축사법」 (2000. 1.28. 제2조 제1호 및 제7조)
23 「건축사법」 (2001. 1.28. 제23조 제1항 및 제7항)
24 「건축사법」 (2001. 1.28. 제22조 삭제)
25 「건축사법」 (2001. 1.28. 제31조 내지 제33조)
26 「건축사법」 (2001. 8.14. 제19조의2)

4.2 건축사 업무 보수대가 기준의 변화

건축물의 설계 및 공사감리에 있어 부실과 분쟁을 예방할 수 있도록 건축사와 용역의뢰자 간에 협의에 의하여 약정할 수 있는 용역의 범위와 그 대가에 관한 기준을 건설교통부장관이 정하여 공고[27]하도록 하였다

현행 건축사 용역의 범위와 대가기준 공고제도는 설계비 담합 등으로 인해 민간에 부정적 영향을 줄 수 있는 측면이 있는 반면, 공공발주사업의 경우 공공기관이 사업비 예산을 확보하는 객관적 기준으로도 활용되는 기능이 있으므로 국가, 지방자치단체, 공공기관 등 공공부문이 발주하는 사업에 한정하여 건축사의 업무에 대한 대가기준을 존치시켜 활용[28]하도록 하려는 것이다.

4.3 건축사 제도의 변화

2007년 12월 21일에 제정된 「건축기본법」을 근간으로 건축계에서는 건축사의 국가경쟁력 확보와 글로벌화된 설계시장의 대외경제력 강화 및 국가 간 자격 상호 인정에 맞춰 5년제 건축학교육 도입의 필요성이 대두되었으며, 건축학교육 인증원 설립 등에 따라 「건축사법」이 2000년 말 강화되었다.

---

27 「건축사법」 (2001. 8.14, 제19조의3)
28 「건축사법」 [법률 제9187호, 2008.12.26]

4.4 「건축사법」 개정 연혁과 주요 내용

개정일자	개정 내용
[법률 제6244호, 2000.1.28]	• 자격과 면허를 자격제로 일원화(법 제2조 제1호 및 제7조) • 건축사가 저작한 설계도서의 건축사협회 신고제도 폐지(법 제22조 삭제) • 건축사사무소등록제 신고제로 전환, 5년마다 사무소 등록갱신 제도 폐지(법 제23조 제1항 및 제7항) • 건축사협회의 설립 및 회원가입 자율화(법 제31조 내지 제33조)
[법률 제6503호, 2001.8.14]	• 건축사예비시험 합격 이전의 경력의 실무경력 인정(법 제14조) • 건축분야의 기술사ㆍ기사 또는 산업기사 자격을 취득한 자는 2010년 1월 1일부터는 건축사예비시험에 합격한 후 건축사자격시험에 응시자격 부여(법 제14조 및 부칙 제2항) • 건축에 관하여 9년 이상의 실무경력을 가진 자는 2010년 1월 1일부터는 고등학교 이상의 건축과정을 이수하고 졸업한 자로 응시자격을 강화(법 제15조 및 부칙 제1항) • 건축사 업무수행실적관리제도 도입(법 제19조의2) • 건축사와 용역의뢰자 간 용역의 범위와 그 대가에 관한 기준을 건설교통부장관이 공고(법 제19조의3)
[법률 제7593호, 2005.7.13]	• 건축사예비시험의 응시자격과 관련 졸업예정자에게도 응시자격 부여(제15조 제1항 제1호)
[법률 제8852호, 2008.2.29]	• 중앙부처 조직 및 기능 개정(국토해양부 신설(법 제37조))
[법률 제8974호, 2008.3.21]	• 국민이 법 문장을 이해하기 쉽게 정비
[법률 제9187호, 2008.12.26]	• 공공발주사업에 대한 건축사의 업무범위 및 대가기준 개정(제19조의3)

5. 건축물의 성능 관련 법령

건축물의 성능과 관련한 기준이 제정되거나 법 조항에 추가되었으며, 그

현황은 다음과 같다.

5.1 친환경건축물의 인증에 관한 규칙

건설교통부는 환경부와 공동으로 건축물로 인한 환경의 부담을 줄이고 쾌적한 생활환경의 조성을 유도하기 위하여 2001년 12월 3일 「친환경건축물인증제도 세부시행지침」을 제정하고, 이 지침을 2001년 12월 8일부터 시행하였으며, 동 지침 제15조의 규정에 의한 친환경건축물의 인증신청은 2002년 1월 1일부터 「친환경건축물(Green Building)인증제도」를 도입하였다.

본 지침의 목적은 친환경건축물의 건설을 유도·촉진하기 위하여 도입·시행하고 운영체계, 인증심사기준, 심사절차 등 시행에 필요한 세부사항을 마련함에 있다. 친환경건축물의 인증은 건축물의 소유자로부터 신청을 받아 토지이용 및 교통, 에너지·자원 소비 및 환경부하, 생태환경, 실내환경 4개 분야에 대한 친환경성을 평가한 후 일정기준에 적합한 건축물에 인증서를 교부하는 제도이다.

인증 대상 건축물은 시행 초기에는 공동주택을 대상으로 하였으며, 점차 주상복합, 업무용(공공 및 일반건물), 상업용(학교·병원 등), 리모델링 건축물까지 단계적으로 확대·시행하고 있다. 또 준공된 건축물을 대상으로 인증 심사하되, 건축주가 희망하는 경우에는 설계단계에서 심사하여 예비인증을 수여하고 있다. 운영체계는 건설교통부와 환경부 공동이고 인증운영기관은 환경부와 건설교통부가 교대로 수행키로 하였다.

이후 「건축법」이 개정(법률 제7696호, 2005. 11. 8. 공포, 2006. 5. 9. 시행)되어 친

환경건축물인증제도가 도입됨에 따라 친환경건축물인증기관의 지정기준
및 절차, 인증신청 절차 등 친환경건축물인증제도의 실시와 관련하여 같
은 법에서 위임된 사항과 그 시행에 필요한 사항을 국토해양부와 환경부
의 공동부령, 즉 「친환경건축물의 인증에 관한 규칙」을 만들어 2008년 5
월 제정·고시하였다. 같은 달에 「친환경건축물인증기준」을 고시하여 「건
축법」 제65조 제4항과 「친환경건축물의 인증에 관한 규칙」(이하 "규칙"이라 한
다) 제6조 및 제12조에서 위임한 사항 등을 규정함으로써 법적 근거를 마
련하고, 「친환경건축물인증 세부시행지침(건설교통부·환경부, 2006.8.24)」을 폐
지하였다.

법령 제정 연혁	비고
「친환경건축물인증제도 세부시행지침」	[제정 2001.12.03(건설교통부·환경부 공동)]
「건축법」 개정	[법률 제7696호, 2005. 11. 8. 공포, 2006. 5. 9. 시행]
「친환경건축물인증제도 세부시행지침」	[개정 2006.08.24]
「친환경건축물의 인증에 관한 규칙」	[국토해양부령 제15호, 2008. 5.27, 제정]
「친환경건축물인증기준」	[2008. 05월] 고시 [국토해양부고시 제2008-178호 환경부고시 제2008-78호]

5.2 지능형건축물인증제도

기후변화협약 등 국제적 환경규제와 고유가시대에 효율적으로 대처하기
위해서는 국내 에너지 소비의 약 23%를 차지하는 건축분야에서도 차원 높
은 에너지 및 생애주기비용(LCC) 절감이 요구된다. 건설기술의 발전과 21
세기 지식정보화사회에 대응할 수 있는 종합적인 첨단시스템을 갖춘 건축

물의 건축을 유도할 목적[29]으로 건설교통부에서는 2006년 2월 「지능형건축물인증제도 세부시행지침」[30]을 고시하였다.

이 시행지침에 의해 지능형건축물이란 '21세기 지식정보사회에 대응하기 위해 건물의 용도, 규모와 기능에 적합한 자동화 및 장수화 시스템(기계 · 전기 · 정보통신설비 및 시설경영관리분야 등)을 도입하여 쾌적하고 안전하며 친환경적으로 지속가능한 거주공간을 제공할 수 있는 건축물'[31]로 정의하고 지능형건축물의 건설을 유도 · 촉진토록 적용대상, 운영기관, 인증기관 지정, 인증심사 · 절차 · 등급에 대해 규정하였다.

인증의 적용대상은 「건축법」 제2조 제1항 제2호의 건축물[32]로 하고, 운영기관은 건설교통부, 인증시기는 설계단계에서의 예비인증과 사용승인 또는 사용검사 후로 하며, 인증등급은 1, 2, 3등급으로 인증서를 교부한다.

2009년 12월 8일 국무회의에서는 「건축법」을 개정하여 지침의 규정보다 각종 건축기준의 완화를 적용할 수 있는 법적 근거 규정을 확보하여 인증제도가 활성화되도록 의결한 후 국회의 의결절차로 2010년 이후 시행 예정으로 추진 중에 있다.

법령 제정 연혁	비 고
「지능형건축물인증제도 세부시행지침」	[인증신청 2006. 9월 1일부터 시행]

---

29 건설교통부, 지능형건축물 인증제도 설명회 개최 알림, 2007.02.07. 발췌
30 건설교통부 건축기획팀, 966(2006. 2. 15)
31 「지능형건축물인증제도 세부시행지침」 제2조(정의)
32 「건축법」 제2조(정의) 2. "건축물"이란 토지에 정착(定着)하는 공작물 중 지붕과 기둥 또는 벽이 있는 것과 이에 딸린 시설물, 지하나 고가(高架)의 공작물에 설치하는 사무소 · 공연장 · 점포 · 차고 · 창고, 그 밖에 대통령령으로 정하는 것을 말한다.

5.3 주택성능등급표시제도

주택성능등급표시제도는 2005년 1월 공동주택의 품질 향상과 주택건설기술의 발전을 도모하고 입주자에게 정확한 정보를 제공하기 위해 마련하였다. 따라서 공동주택을 공급할 경우 입주자 모집공고안에 소음·구조·거주 및 생활환경, 화재 및 소방성능 등에 관하여 성능등급을 표시하도록 「주택법」 제21조의2(주택성능등급의 표시 등)를 신설하였다.

이 법령을 기초로 2006년 1월 6일 「주택건설기준 등에 관한 규정」 [시행 2006. 1. 9] [대통령령 제19263호, 2006. 1. 6, 일부개정]으로 1,000세대 이상 공동주택 입주자 모집공고안에 주택성능 등급을 표시하고, 주택성능 등급 평가 및 대상, 1~5등급 평가기준 및 심사에 관한 규정을 명시하도록 하였으며, 2006년 1월 9일 [건설교통부고시 제2006-14호]로 「주택건설기준 등에 관한 규정」 제59조 제3항의 규정에 의한 「주택성능등급 인정 및 관리기준」을 고시하여 주택성능등급의 평가기준, 평가방법 및 절차를 규정하였다.

법령 제정 연혁	비 고
「주택법」	[법률 제7335호, 2005. 1. 14, 타법개정] 제21조의2 (주택성능등급의 표시 등)
「주택건설기준 등에 관한 규정」	[대통령령 제19263호, 2006. 1. 6, 일부개정]
「주택건설기준 등에 관한 규정」	[대통령령 제19263호, 2006. 1. 6, 일부개정] 제58조 (주택성능등급의 표시 대상) [본조신설 2006.1.6] 제59조 (주택성능등급의 심사 및 평가) [본조신설 2006.1.6] 제60조 (주택성능등급의 처리 보고) [본조신설 2006.1.6]
「주택성능등급 인정 및 관리기준」	[건설교통부고시 제2006-14호 2006년 1월 9일]

5.4 건물에너지효율등급 인증

정부는 「에너지이용합리화법」 제21조(금융·세제상의 지원)의 규정에 의거하여 고효율에너지 기자재 등의 사용 및 종합에너지 시스템과의 연계성 등을 고려한 일정성능 이상의 에너지효율을 높이는 건물에 대하여 효율등급 기준에 필요한 사항을 규정하였다. 이는 에너지 효율 및 절약이 우수한 건물을 보급·촉진함을 목적[33]으로 2001년 8월 [산업자원부고시 제2001-100회]로 「건물에너지효율등급 인증에 관한 규정」을 제정·고시한 것이다.

이 규정의 적용범위는 건물주의 자발적인 신청에 의하여 인증을 취득하고자 하는 건축물을 대상으로 하고, 설계단계에서의 예비인증, 신청건물의 완공 후 설계도서 및 현장 확인을 거쳐 인증하는 본 인증으로 구분하여 에너지효율등급 평가기준에 의거 등급 1, 2, 3의 에너지효율등급 인정기준으로 구분하였다. 이 인증 규정의 효율적 관리를 위해 에너지관리공단을 운영기관으로 지정하고, 기술적 평가를 위한 평가기관으로 한국에너지기술연구원, 한국건설기술연구원, 에너지관리공단을 지정하였다.

이 규정은 2008년 4월 제2차 개정을 한 후 2009년 2월의 「건축법」 개정과 2009년 8월 「건축법시행령」 개정으로 지식경제부의 규정에서 초고유가 시대와 기후변화협약에 적극 대응할 수 있도록 효율적인 에너지절약형 건축물의 확대·보급을 위한 건축물 에너지 효율등급 인증제도의 법적 근거를 마련하고 「건축법」의 법령에 의한 법적 지위를 확보하였다. 또 이 「건축법」 및 동법 시행령에 의해 2009년 12월 30일에 전면 개정되면서 당초의 규정은 폐지되고 국토해양부와 지식경제부가 공동운영하는 규정으

---

33 제1조 목적

로 전면 개정되었다.

이 개정 규정에서는 인증 대상 범위를 자율적 신청에 의한 인증 대상 건축물의 적용범위를 「건축법」의 법적 기준에 따라 「건축법」 제2조 제2호에 따른 건축물[34]로서 「건축법」 제66조의2에 따라 인증기준이 고시된 용도의 건축물[35]로 확대 적용한다.

법령 제정 연혁	비고
「건물에너지 효율등급 인증에 관한 규정」	[산업자원부 고시 제2001-100호, 2001. 8.29, 제정·고시] 「에너지이용합리화법」 제21조[36]의 규정
「건물에너지 효율등급 인증에 관한 규정」	[지식경제부 고시 제2008-14호, 2008.4.7, 개정] [2009.12.31] 폐지
「건축법」	[법률 제9437호, 2009.2.6, 일부개정]
「건축법시행령」	[대통령령 제21668호, 2009.8.5, 일부개정]
「건물에너지 효율등급 인증에 관한 규정」	[국토해양부 고시 제2009-1306호, 2009.12.31, 전부개정] [지식경제부 고시 제2009-329호, 2009.12.31, 전부개정]

---

34 「건축법」 [2009. 2. 6.] 제2조 (정의) ① 이 법에서 사용하는 용어의 뜻은 다음과 같다.

　2. "건축물"이란 토지에 정착(定着)하는 공작물 중 지붕과 기둥 또는 벽이 있는 것과 이에 딸린 시설물, 지하나 고가(高架)의 공작물에 설치하는 사무소·공연장·점포·차고·창고, 그 밖에 대통령령으로 정하는 것을 말한다.

35 [별표 1] 공동주택 및 업무용 건축물의 에너지효율 인증등급

등급	신축 공동주택 (總에너지절감률)	신축 업무용 건축물 연간 단위면적당 1차 에너지 소요량(kWh/m² · 년)
1	40% 이상	300미만
2	30% 이상 40 % 미만	300 이상 350 미만
3	20% 이상 30 % 미만	350 이상 400 미만
4	10% 이상 20 % 미만	400 이상 450 미만
5	0% 이상 10 % 미만	450 이상 500 미만

36 「에너지이용합리화법」 [2001. 1.16] 제21조 (금융·세제상의 지원) 정부는 에너지이용합리화를 촉진하기 위하여 대통령령이 정하는 에너지절약형 시설투자, 에너지절약형 기자재의 제조·설치·시공 및 기타 에너지이용합리화에 관한 사업에 대하여 금융·세제상의 지원 또는 보조금의 지급과 기타 필요한 지원을 할 수 있다.

5.5 장애물 없는 생활환경(Barrier Free) 인증제도

5.5.1 배경

정부는 「교통약자의 이동편의증진법」 및 「장애인·노인·임산부 등의 편
의증진보장에 관한 법률」에 의거하여 2007년 4월 5일 어린이, 장애인(일
시 장애인 포함), 노인, 임산부 등이 도시, 교통수단, 건축물 등을 접근·
이용·이동하는 데 불편이 없는 '장애물 없는 생활환경'[37]의 구축 및 조성
을 촉진하고자 장애물 없는 생활환경 인증제도 지침을 공고하였고, 2007
년 3월 20일부터 시행하였다.

5.5.2 주요 내용

이 제도는 「교통약자법」 또는 「편의증진법」에 의해 설치된 편의시설 또는
이동편의시설의 이용자가 접근 및 이동하는 데 불편이 없는 생활환경을
인증하며, 인증의 종류 및 대상은 도시인증, 구역인증 및 도로, 공원, 여객
시설, 건축물(공공건물, 공중이용시설, 공동주택), 교통수단 등의 개별시설인증으
로 분류한다. 신청자는 소유자, 건축주, 시공자 또는 관리자로 규정하였으
며, 인증 시기는 건축물 설계단계의 예비인증(반드시 본 인증을 받아야 함)과 공
사준공 또는 사용승인 후의 본 인증으로 구분한다. 인증등급은 최우수, 우
수, 일반등급의 3단계로 구분하고 5년간 인증유효기간을 정하였다. 이 인
증제도의 주무기관은 건설교통부와 보건복지부로 2년간 교대로 담당한다.

---

37 「장애물 없는 생활환경 인증제도 시행지침」 [건설교통부공고 제2007-001호, 2007.4.5] 제2조(정의)1항

5.5.3 제정 법령

법령 제정 연혁	비 고
「장애물 없는 생활환경(Barrier Free) 인증제도」시행지침	[건설교통부 공고 제2007-001호, 2007년 4월 5일]
「장애물 없는 생활환경(Barrier Free) 인증제도」시행지침 공고	[보건복지가족부 공고 제2008-224호, 2008년 7월 14일]
「장애물 없는 생활환경(Barrier Free) 인증제도」시행지침 개정	[국토해양부 공고 제2008-427호, 2008년 7월 24일]

6. 건축 관련 제정·개정 법령

6.1 새로 제정된 건축 관련 법령

2000년대에 제정된 법령은 다음과 같다

2000년대 법령 제정

법령 제정 연혁	비 고
「경관법」	[법률 제8478호, 2007. 5.17, 제정]
「건축기본법」	[법률 제8783호, 2007.12.21, 제정]

6.2 건축 관련 개정 법령

2000년대에 건축 관련 법령 중 기존의 법령을 통합·새로운 법령으로 개정하거나, 기존의 법령에서 일부 조문으로 분리한 법령, 법령 명칭을 개정한 법령 등은 다음과 같다.

2000년대 통합 법령

변경 법령	변경 일자	변경 전 법령
「도시 및 주거환경정비법」	2002.12.30	도시재개발법, 주택건설촉진법상의 재건축 관련 규정, 도시 저소득 주민의 주거환경개선을 위한 임시조치법을 통합
「국토의 계획 및 이용에 관한 법」	2002.2.4	도시계획법, 국토이용관리법을 통합

6.3 「건축기본법」

정부는 2007년 12월 21일 「건축기본법」을, 이듬해인 2008년 6월20일 시행령을 제정하고, [시행 2008.6.22] [대통령령 제20852호, 2008.6.20, 제정] 「건축기본법」 제13조에 의거 대통령 소속 국가건축정책위원회를 출범시켰다.

6.3.1 제정 배경

건축도시는 한 나라의 문화의 척도이자 경제 수준을 대표하는 국가 브랜드로 국가경쟁력이 될 수 있다. 그러나 우리의 건축문화는 산업화 과정과 경제성장에 주력한 결과 무계획적이고 급속한 개발 및 건축디자인의 열악

한 수준으로 도시의 부조화와 거주환경의 취약 그리고 우리 고유의 정체
성을 살리지 못하는 결과를 초래하였다.

이에 국가의 건축정책의 중심추진방향을 건축디자인 품격 향상으로
국가 브랜드 제고와 국가 경쟁력 강화, 건축도시공간의 문화 정체성을 확
립하여 도시경쟁력과 거주환경을 향상하는 제도적 뒷받침을 하는「건축기
본법」의 제정을 추진하여 2007년 12월 21일 제정하고, 동법 시행령은
2008년 6월 20일 제정하였다.

6.3.2 제정 목적

「건축기본법」의 제정 목적은 '건축물이 국민 전체와 개개인 각자의 기본
적인 생활공간이고 동시에 다양한 사회적 요구를 조정하고 수용하는 공적
인 공간이며 더 나아가 장차 미래세대에게 계승되는 문화유산으로서의 공
공성과 역사성을 지니고 있어「건축기본법」제정을 통하여 건축분야의 기
본적인 정책이념을 제시하고 그에 따른 국가 및 지방자치단체와 국민의
책무를 규정하여 필요한 시책을 수립 · 추진하기 위한 기반을 마련함으로
써 궁극적으로는 건축문화를 진흥하고 국민의 삶의 질과 복리향상에 이바
지[38]하는 데 있다.

---

[38] 법제처

6.3.3 주요 내용

건설교통부장관은 건축정책에 관한 국가기본계획을, 지방자치단체는 지역의 현황 및 실정에 부합하는 건축정책을 위하여 건축정책에 관한 기본계획을 5년마다 수립·시행[39]할 수 있도록 하였다. 또 건축분야의 중요한 정책심의 등을 위하여 대통령 소속하에 국가건축정책위원회를, 국가건축정책위원회의 사무를 처리하기 위한 기획단, 지방자치단체장 소속하에 각각 시·도 건축정책위원회 및 시·군·구 건축정책위원회를 설치[40]토록 하였다.

또한 건축디자인 기준을 설정[41]하여 건설교통부장관, 시·도지사 또는 시장·군수·구청장은 지역의 건축디자인의 기준을 설정하여 건축물의 소유자 등에게 권장하도록 하고, 공공시설에는 이를 적용하도록 제도화하였다

「건축기본법」 제정 연혁

「건축기본법」	[법률 제8783호, 2007.12.21, 제정]
「건축기본법」	[법률 제8852호, 2008.2.29, 타법개정]
「건축기본법」 시행령	[대통령령 제20852호, 2008.6.20, 제정]

---

39 「건축기본법」 제10조부터 제12조까지
40 「건축기본법」 제13조부터 제19조까지
41 「건축기본법」 제21조

6.4 「경관법」

6.4.1 제정 배경

경관의 중요성에 대한 인식이 높아지고 있음에도 불구하고 제도적 장치의 미비로 경관의 보전·관리 및 형성을 위한 활동이 체계적이면서도 융통성 있게 뒷받침되지 못하고 있다. 자연경관 및 역사와 문화경관을 보전하고 도시·농산어촌의 지역특성을 고려한 경관을 형성함으로써 아름답고 쾌적하며 지역특성을 나타내는 국토환경 및 지역환경을 조성할 수 있도록[42] 건설교통부는 2007년 5월 17일 「경관법」 [법률 제8478호, 2007.5.17, 제정]을 제정하여 제도적 근거를 마련[43]하였다.

6.4.2 주요 내용

경관의 보전·관리 및 형성을 위해 지방자치단체의 장이 경관계획의 기본 방향과 목표, 경관 형성의 전망과 대책, 경관관리 방안 등을 포함한 경관계획을 수립[44]할 수 있도록 하고, 경관계획이 수립된 지역에서 자연적·문화적·역사적 개성을 살리고 경관조성을 위한 경관사업 시행제도[45]와 지역 주민의 참여를 유도하는 경관협정제도[46]를 도입하여, 이에 대한 지원 등 경관자원의 보존, 관리 및 형성에 관한 사항을 규정하였다.

---

42 법제처
43 법제처
44 「경관법」 제6조, 제8조, 제10조 및 제11조
45 「경관법」 법 제13조 내지 제15조
46 「경관법」 법 제16조, 제18조 및 제22조

「경관법」 개정 연혁

「경관법」	[법률 제8478호, 2007. 5.17, 제정]
「경관법시행령」	[대통령령 제20376호, 2007.11.13, 제정]
「경관계획수립지침」	[건설교통부 고시 제 597호, 2007.12.18, 제정]

6.5. 「국토의 계획 및 이용에 관한 법률」

6.5.1 주요 내용

「국토의 계획 및 이용에 관한 법률」의 주요 개정 내용은 다음과 같다.

- 전 국토를 종전의 5개 용도지역(도시 · 준도시 · 농림 · 준농림 · 자연환경보전지역)에서 4개 용도지역(도시 · 관리 · 농림 · 자연환경보전지역)으로 축소하고, 종전에 난개발 문제가 제기되었던 준농림지역이 편입되는 관리지역을 보전관리지역, 생산관리지역, 계획관리지역으로 세분하여 관리[47]하도록 하였다.

- 종전의 국토이용관리법의 적용대상이었던 비도시지역에 대하여도 종합적인 계획인 도시기본계획 및 도시관리계획을 수립하도록 함으로써 계획에 따라 개발이 이루어지는 '선 계획 후 개발'의 국토이용체계를 구축하였다[48].

---

47 「국토의 계획 및 이용에 관한 법률」 제6조 및 제36조
48 「국토의 계획 및 이용에 관한 법률」 제18조 및 제24조

- 계획관리지역 또는 개발진흥지구로서 개발수요가 많은 지역에서는 건폐율·용적률 등을 다른 지역보다 완화하여 적용할 수 있도록 제2종지구단위계획구역[49]으로 지정하여 토지의 효율적 이용을 도모하고 고밀도 개발에 따른 기반시설 부족, 환경훼손 등을 방지할 수 있도록 하였다.

- 개발이 완료된 지역에서는 추가적인 개발행위로 인하여 기반시설의 용량이 부족하지 아니 하도록 건폐율·용적률을 강화하는 개발밀도관리구역제도[50]를 도입하였다(법 제66조).

- 개발행위가 집중되어 도로·하수도 등 기반시설의 설치가 새로이 필요한 지역에서 개발 행위를 하는 자는 기반시설을 직접 설치하거나 설치에 필요한 비용을 시장·군수 등에게 납부하도록 하는 기반시설부담구역제도[51]를 도입하였다.

6.5.2 관계법령

법령 제정	비고
「국토의 계획 및 이용에 관한 법률」	[법률 제6655호, 2002.2.4, 제정]
「국토의 계획 및 이용에 관한 법률 시행령」	[대통령령 제17816호, 2002.12.26, 제정]

---

49 「국토의 계획 및 이용에 관한 법률」 제51조 제3항 및 제52조 제3항
50 「국토의 계획 및 이용에 관한 법률」 제66조
51 「국토의 계획 및 이용에 관한 법률」 제67조 내지 제75조

6.6 「도시 및 주거환경정비법」

6.6.1 주요 내용

「도시 및 주거환경정비법」의 주요 제정 내용은 다음과 같다.

- 지방자치단체의 장은 주거환경개선사업 · 주택재개발사업 · 주택재건축 사업 및 도시환경정비사업의 기본방향, 계획기간, 개략적인 정비구역 범위 등의 내용이 포함되어 있는 도시 · 주거환경정비기본계획을 10년 단위로 수립하고, 5년마다 그 타당성 여부를 검토[52]하도록 하였다.

- 시 · 도지사는 시장 등의 신청에 의하여 도시계획절차에 따라 정비구역 을 지정할 수 있도록 하고, 정비구역지정 신청 시 건폐율 · 용적률 계획 등 정비계획을 함께 수립하도록 하며, 정비계획이 수립된 경우에는 「국 토의 계획 및 이용에 관한 법률」에 의한 지구단위계획이 수립[53]된 것으 로 보도록 하였다.

- 정비사업의 추진위원회를 제도[54]화하여 조합의 설립 등 사업추진 준비 를 하도록 하고, 그 역할을 명확히 규정하였다.

---

52 「도시 및 주거환경정비법」 제3조
53 「도시 및 주거환경정비법」 제4조
54 「도시 및 주거환경정비법」 제13조 내지 제15조

- 조합의 정관 및 관리처분계획에 정비사업비와 조합의 부담비용 등 사업시행과 관련된 사항을 구체적으로 명시하도록 하고, 관리처분계획 수립시의 재산평가방법[55]을 규정하였다.
- 정비사업의 시행을 위하여 필요한 사항을 위탁받거나 자문할 수 있는 정비사업전문관리업제도[56]를 도입하여 조합의 비전문성을 보완하고 효율적인 사업추진을 도모하였다.

「도시 및 주거환경정비법」 제정 연혁

「도시 및 주거환경정비법」	[법률 제6852호, 2002.12.30, 제정]
「도시 및 주거환경정비법시행령」	[대통령령 제18044호, 2003. 6.30, 제정]

6.7 「도시재정비 촉진을 위한 특별법」

6.7.1 제정 배경

도시 인구의 유입에 따른 인구 증가와 도시 기능 변화의 필요성과 함께 신도시 개발과 기존 구시가지 도시의 재생 필요성이 증대하였다. 구시가지는 높은 노후 불량도와 도시기반시설의 미비에 따른 주거환경 개선의 필요 및 개발압력에 따라 주거환경개선사업, 주택재개발사업, 주택재건축사업, 도시환경정비사업을 지원하는 「도시 및 주거환경정비법」, 「도시개발법」 등의 여러 법률로 제도적 지원방안을 마련하여 왔다.

---

55 「도시 및 주거환경정비법」 제20조 및 제48조
56 「도시 및 주거환경정비법」 제69조 내지 제74조

　　이러한 기존의 법은 개별사업의 대상과 추진절차 등 시행방안을 규정하고 있는 법이다. 그러나 보다 넓은 지역의 광역개발을 시행하고 도시기반시설의 지원과 확충이란 제도적 뒷받침을 지원하기에는 단위사업 법률보다 광역개발과 체계적인 정비를 지원할 법령이 필요하였다. 서울시는 이 문제의 해결 방안으로 2002년 10월 은평, 길음, 왕십리 등 3개 지구를 시범 뉴타운 지구로 지정하고 2003년 3월 「서울특별시 지역균형발전 지원에 관한 조례」[57]를 제정하였다. 이 조례의 목적은 '지역 간 균형 있는 발전을 도모하기 위하여 필요한 사항을 규정함으로써 도시의 건전한 발전과 시민 삶의 질 향상에 기여함' 이며, "균형발전사업"이라 함은 '도시의 균형 있고 건전한 발전을 위하여 추진되는 제반사업', "뉴타운사업"이라 함은 '동일생활권의 도시기능을 종합적으로 증진시키기 위하여 시행하는 제반사업' 으로 정의하였다. 또 '지역균형발전사업의 시행에 있어서 뉴타운사업은 지역별 여건을 참작하여 「도시개발법」, 「도시재개발법」, 「도시 및 주거환경정비법」, 「택지개발촉진법」 등의 개별법에 의한 사업시행방식과 절차에 의하고, 촉진지구사업은 「국토의 계획 및 이용에 관한 법률」에 의한 지구단위계획을 수립하여 공청회 등 주민의 의견을 수렴한 후 시행'[58]토록 하였다. 이후 이 조례는 여러 유사 법령의 발의 과정을 거쳐 2005년 12월 30일 「도시재정비 촉진을 위한 특별법」[59], 2006년 6월 29일 시행령[60]을 제정하여 법률적 지원으로 각종 규제 및 지원에 대한 법적 근거를 마련하였다.

---

57 [시행 2003. 3.15] [서울특별시조례 제4065호, 2003. 3.15, 제정]
58 「서울특별시 지역균형발전 지원에 관한 조례」 제정문
59 [시행 2006.7.1] [법률 제7834호, 2005.12.30, 제정]
60 [시행 2006.7.1] [대통령령 제19576호, 2006.6.29, 제정]

6.7.2 제정 목적

이 법의 제정 이유 및 목적은 낙후된 기존 구시가지의 주거환경개선이나 재개발과 도시기반시설의 확충 및 도시기능의 회복 등을 위한 각종 정비사업을 좀 더 광역적으로 계획하여 효율적으로 개발할 수 있는 체계를 확립하여 도시기반시설을 획기적으로 개선함으로써 기존 도시에서의 주택공급 확대와 함께 도시의 균형발전을 도모하고 국민의 삶의 질 향상에 기여하려는 것[61]이다.

6.7.3 하위법 제정

이 법은 법, 시행령, 시행규칙 이외에「특별법 시행령」제정일인 2006년 6월 30일「특별법」제9조 제5항의 규정에 의거 '재정비촉진계획 수립지침'을, 제31조 제3항의 규정에 의거 '재정비촉진사업의 임대주택 공급가격의 산정 기준' 을, 제9조 제3항의 규정에 의거 '총괄계획가 업무지침' 을, 제14조의 규정에 의거 '총괄사업관리자 업무지침' 등의 하위 규정을 함께 고시하였고 2007년 7월 1일부터 시행하였다.

법령 제정 연혁	비고
「도시재정비 촉진을 위한 특별법」	[법률 제7834호, 2005.12.30, 제정]
「도시재정비 촉진을 위한 특별법 시행령」	[대통령령 제19576호, 2006.6.29, 제정]
재정비촉진계획 수립지침	[건설교통부 고시 제2006-230호, 2006.6.30.] 「도시재정비 촉진을 위한 특별법」제9조 제5항의 규정
재정비촉진사업의 임대주택 공급가격의 산정 기준	[건설교통부 고시 제 2006-233호, 2006.6.30] 「도시재정비 촉진을 위한 특별법」제31조 제3항의 규정

---

61 법제처 법 [제·개정이유] 법 제1조 목적

총괄계획가 업무지침	[건설교통부 고시 제2006-232호, 2006.6.30] 「도시재정비 촉진을 위한 특별법」제9조 제3항의 규정
총괄사업관리자 업무지침	[건설교통부 고시 제2006-231호, 2006.6.30] 「도시재정비 촉진을 위한 특별법」제14조의 규정

6.8. 「도시개발법」

6.8.1 「도시개발법」 제정의 배경[62]

1960년대 이후의 경제개발로 인구 및 산업은 도시로 집중되었고, 이로 인해 도시화는 1962년 제정된 「도시계획법」과 1966년 「토지구획정리사업법」 제정으로 도시개발사업을 시행해 오다 1980년 이후부터는 「택지개발촉진법」 및 「주택재발촉진법」 등의 특별법을 중심으로 주택단지개발, 산업단지개발 등 단일 목적 개발방식을 추진하였다. 그러나 이들 사업방식은 획일적인 수용방식으로 주민의 과도한 재산권 제한이란 문제점이 발생하였다. 또 양 위주의 주택단지 중심 가발로 도시기반시설의 확충 없는 단일사업장별 난개발, 교통체증과 환경문제 등 심각한 도시문제를 유발하여 도시개발의 한계에 도달하였다. 따라서 대도시 기능을 수용하고 신도시 개발 등을 통한 대도시 기능을 충족할 수 있는 복합적 기능을 수용하는 종합적·체계적 개발방식이 필요한 시점에 도달하였다.

이에 「도시계획법」이나 「토지구획정리사업법」 또는 「도시재개발법」에서 규정한 도시개발, 재개발 관련 사업 간에도 중복적이거나 관련 절차의 미비 및 「특별법」과의 업무영역 중복에 따른 활용도 미흡 등의 문제점을

---

62 「도시개발법」, 2004.5. 건설교통부, 법제처 도시개발법 제·개정 이유

「도시계획법」의 도시계획사업 부분과 「토지구획정리사업법」을 통합·보완하여 개선하였다. 이렇게 기존 제도의 문제점과 지적 내용을 개선하여 도시개발에 관한 기본법으로서 2000년 1월 28일 「도시개발법」을 제정하였고, 2000년 7월 1일 시행하였으며, 2000년 8월 2일 「도시개발법 시행령」을 제정하여 본격적으로 시행하였다. 이 법을 제정함으로써 종합적·체계적인 도시개발을 위한 법적 기반을 마련하고 도시개발에 대한 민간부문의 참여를 활성화하여 다양한 형태의 개발이 가능해졌다.

법령 제정 연혁	비고
「도시개발법」	[법률 제6242호, 2000.1.28, 제정]
「도시개발법」	[법률 제8970호, 2008.3.21, 전부개정]

6.9 유비쿼터스도시

'유비쿼터스도시'[63]란 도시 경쟁력 향상과 도시의 지속가능한 발전으로 국민 삶의 질 향상 및 국가의 균형발전을 도모하고자 정보통신기술을 기초로 한 유비쿼터스(ubiquitous) 기술을 도시기반시설에 경합시켜 도시의 주요 기능과 정보를 연계한 '유비쿼터스도시서비스'[64]를 어느 곳에서나 상시 제공하는 도시를 말하며, 이를 실현하고자 유비쿼터스도시의 효율적인 건설과 관리 등의 관련 사항을 규정하여 2008년 3월 28일 「유비쿼터스도시의 건설 등에 관한 법률」을 제정하였다.

국토해양부는 교통, 환경, 에너지 등 도시문제를 해결하고, 도시경쟁력을 높이기 위해 건설과 IT가 융복합된 U-City 구축이 확대됨에 따라 U-

---

63 「유비쿼터스도시의 건설 등에 관한 법률」 제2조(정의) 제1호
64 「유비쿼터스도시의 건설 등에 관한 법률」 제2조(정의) 제2호

City 산업을 新성장동력으로 육성하고, 해외 진출을 활성화하고자 국가차원의 장기적인 청사진과 발전방향을 종합적으로 제시하는 기본계획을 제4조(유비쿼터스도시 종합계획의 수립 등)에 의거 수립하여 국토해양부 공고 제2009-950호로 제6조에 따라 유비쿼터스도시위원회 심의를 거쳐 '제1차 유비쿼터스도시종합계획(2009-2013)'을 확정하고 2009년 11월 9일 공고하였다

법령 제정 연혁	비고
「유비쿼터스도시의 건설 등에 관한 법률」	[법률 제9052호, 2008. 3.28, 제정]

부록

[2000.1.28, 제정]	「도시개발법」
[2001.8.29, 제정]	「건물에너지 효율등급 인증에 관한 규정」
[2001.9.15, 일부개정]	「건축법시행령」 −리모델링
[2001.12.03, 제정]	「친환경건축물인증제도 세부시행지침」
[2002.2.4, 제정]	「국토의 계획 및 이용에 관한 법률」
[2002.12.26, 제정]	「국토의 계획 및 이용에 관한 법률 시행령」
[2002.12.30, 제정]	「도시 및 주거환경정비법」
[2003.6.30, 제정]	「도시 및 주거환경정비법 시행령」
[2005.1.14, 타법개정]	「주택법」 −제21조의2(주택성능등급의 표시 등)
[2005.11, 공포]	「건축법」 개정 −친환경건축물인증제도 도입
[2005.12.30, 제정]	「도시재정비 촉진을 위한 특별법
[2006.1.6, 일부개정]	「주택건설기준 등에 관한 규정」 − 주택성능등급의 표시 대상 　　주택성능등급의 심사 및 평가 　　주택성능등급의 처리 보고
[2006.1.9, 고시]	「주택성능등급 인정 및 관리기준」
[2006.6.29, 제정]	「도시재정비 촉진을 위한 특별법 시행령」
[2006.6.30, 제정]	「재정비촉진사업의 임대주택 공급가격의 산정 기준」
[2006.6.30, 제정]	「총괄사업관리자 업무지침」
[2006.6.30, 제정]	「총괄계획가 업무지침」
[2006.6.30, 제정]	「재정비촉진계획 수립지침」
[2006.8.24, 개정]	「친환경건축물인증제도 세부시행지침」
[2007.4.5, 제정]	「장애물 없는 생활환경(Barrier Free) 인증제도 시행지침」
[2007.5.17, 제정]	「경관법」
[2007.11.13, 제정]	「경관법시행령」
[2007 · 12 · 18, 제정]	「경관계획수립지침」
[2007.12.2, 제정]	「건축기본법」

[2008.3.21, 전부개정]	「도시개발법」
[2008.3.28, 제정]	「유비쿼터스도시의 건설 등에 관한 법률」
[2008.4.7, 개정]	「건물에너지 효율등급 인증에 관한 규정」
[2008.5.27, 제정]	「친환경건축물의 인증에 관한 규칙」
[2008.6.20, 제정]	「건축기본법 시행령」
[2008.5. , 고시]	「친환경건축물인증기준」
[2008.2.29, 전부개정]	「정부조직법」
[2009.2.3, 일부개장]	「주택법」 −도시형 생활주택
[2009.2.6, 일부개정]	「건축법」 −건물에너지 효율등급 인증제도 도입
[2009.4.21, 일부개정]	「주택법 시행령」 −도시형 생활주택
[2009.7.16, 일부개정]	「건축법시행령」 −초고층 건축물 용어 정의
[2009.8.5, 일부개정]	「건축법 시행령」 −건물에너지 효율등급 인증제도 도입
[2009.12.31, 전부개정]	「건물에너지 효율등급 인증에 관한 규정」

|2장| 건축교육의 변화

황희준 | 한양대학교 건축대학 교수

1. 건축인증제도화에 따른 건축교육의 변화

2000년 이후 2010년까지의 지난 십 년간 건축교육의 변화는 새로운 세기의 시작만큼이나 극적인 것이었다. 이러한 변화의 가장 큰 중심은 건축학교육인증제도의 정착에 있다. WTO체제 아래에서 제기되기 시작한 우리 건축설계시장의 대외개방이나 건축교육의 국제적 인증과 인정문제로 야기된 건축학 프로그램에 대한 인증 문제는 FIKA(대한건축학회, 대한건축사협회, 한국건축가협회) 주도하에 2005년 1월 출범하게 된 한국건축학교육인증원 (KAAB; Korea Architectural Accrediting Board)의 설립으로 공식화되었다. 한국건축학교육인증원(이하 건인원)은 국내 대학의 건축학 전문학위 교육프로그램 규준과 지침을 제시하고, 이를 바탕으로 건축학 프로그램에 대한 인증 및 자

문을 시행하였다. 이러한 인증제도의 실행 목적은 건축사 양성을 위한 전
문 프로그램의 도입으로 건축학 전문학위제를 정착시키는 것이었으며, 국
내 건축학 학위가 유사한 인증제도를 가지고 있는 국가에서도 상호인정을
받을 수 있도록 조건을 부여하여 건축학 교육의 국제화에 기여하기 위함
이었다.

   건인원이 제시한 인증 프로그램에 맞춰 다수의 대학이 2002년 이후 5
년제 건축학 프로그램으로 전환했으며, 2011년 5월까지 72개의 5년제 및
4개의 대학원 건축학 전문 프로그램이 개설되어 운영되고 있다〈표 1〉). 건
축교육의 변화는 기존의 4년제 건축학 전공 과정이 5년제로 전환된 것뿐
만 아니라 건축학과(부)의 대학 내 소속 및 학생모집 유형에도 변화를 가
져왔다. 건인원이 조사한 2009년 건축학 전문학위 프로그램 일반 현황에
따르면, 건축학 전공 대학 내 프로그램 소속대학 유형은 (이)공과대학에
소속된 프로그램이 55개, 건축대학으로 분리된 프로그램이 4개로 나타나
있으며, 그 외 도시과학대학, 과학기술대학, 문화예술대학 등 13개 프로그
램이 기존의 공과대학 소속을 탈피하여 다양한 유형의 대학에 소속되어
운영되고 있다. 학생 모집 유형은 건축학과 또는 건축학 전공으로 분리 모
집하는 프로그램이 28개, 학부 모집이 44개로 나타났다. 이를 보았을 때
건축학 전공이 아직까지는 공학 분야의 범주를 벗어나지 못하는 부분도
있으나 점차 전문 분야로 인식되어 교육의 정체성을 찾아가기 위한 노력
들이 시도되고 있다는 점 또한 주목할 부분이다.

   2006년 10월 최초의 건축학 프로그램 인증을 위한 실사가 세 개의 대

학(서울대학교, 서울시립대학교, 명지대학교)을 필두로 시행되었다. 이후 매년 전반
기와 후반기로 나누어 건축학 인증을 위한 실사가 이루어지고 있으며,
2011년 현재 건인원으로부터 건축학 인증 프로그램임을 인정받은 대학은
〈표 2〉와 같다.

　　건축학 프로그램인증제도의 정착은 건축교육의 체계화를 이루었다는

〈표 1〉 건축학 교육 전문프로그램 개설현황(2011년 5월 기준)

개설년도	5년제 건축전문프로그램	대학수	건축전문대학원 프로그램
2002년도	강원대학교(춘천), 경기대학교, 경북대학교, 경상대학교, 계명대학교, 공주대학교, 국민대학교, 단국대학교, 동아대학교, 동의대학교, 명지대학교, 목원대학교, 목포대학교, 배재대학교, 부경대학교, 서울시립대학교, 선문대학교, 세종대학교, 순천대학교, 영남대학교, 울산대학교, 원광대학교, 인제대학교, 인하대학교, 전남대학교(광주), 전남대학교(여수), 전주대학교, 조선대학교, 청주대학교, 충남대학교, 충북대학교, 한경대학교, 한국예술종합학교, 한양대학교(서울), 한양대학교(안산), 호서대학교, 홍익대학교(서울)	40	건국대 건축대학원(1996년) 경기대 건축대학원(1997년) 국민대 테크노디자인대학원 (1998년) 동국대 건축대학원(2009년)
2003년도	경남대학교, 가천대학교, 경일대학교, 고려대학교, 광운대학교, 금오공과대학교, 대전대학교, 동신대학교, 성균관대학교, 숭실대학교, 아주대학교, 연세대학교, 이화여자대학교, 제주대학교, 중앙대학교(서울), 창원대학교, 충주대학교, 한남대학교, 한밭대학교	19	
2004년도	강원대학교(삼척), 경주대학교, 관동대학교, 동서대학교, 한국기술교육대학교	5	
2005년도	광주대학교, 대구카톨릭대학교, 서원대학교, 홍익대학교(조치원)	4	
2006년도	삼육대학교, 경남과학기술대학교	2	
2007년도	경희대학교	1	
2008년도	남서울대학교	1	
합계		72	4

*한국건축학교육인증원 웹사이트(www.kaab.or.kr) 재인용

점에 있어 큰 성과가 있었던 반면, 한국의 건축교육 환경이 안고 있는 물리적, 경제적, 학제적 현실에 대한 충분한 고찰이 미비한 상황에서 외국(특히 미국)의 건축학 프로그램과 유사한 인증규준을 제시하고 있다는 문제점이 있으며, 인증절차 또한 미국의 NAAB(National Architectural Accrediting Board)에서 제시하는 과정과 유사한 측면이 있다. 더 나아가 건축사 제도에 대한

〈표 2〉 건축학 인증 프로그램(2011년 전반기 기준)

구분	프로그램	인증일자	학위	홈페이지 주소
2006년 후반기	명지대학교 건축학과	2007.02.01	학사	http://arch.mju.ac.kr/home/new/
	서울대학교 건축학전공	2007.02.01	학사	http://architecture.snu.ac.kr/html/main.asp
	서울시립대학교 건축학전공	2007.02.01	학사	http://archi.uos.ac.kr/
2007년 전반기	홍익대학교 건축학전공	2007.07.13	학사	http://www.hongik.ac.kr/english_neo/
2007년 후반기	강원대학교 건축학전공	2008.01.31	학사	http://archi.kangwon.ac.kr/main.php
	부경대학교 건축학전공	2008.01.31	학사	http://myweb.pknu.ac.kr/archi/
	서울과학기술대학교 건축학전공	2008.01.31	학사	http://plaza.snut.ac.kr/~archi_d/
	영남대학교 건축학전공	2008.01.31	학사	http://arch.yu.ac.kr/
	충남대학교 건축학전공	2008.01.31	학사	http://www.cnu.ac.kr/
	한양대학교(서울) 건축학부	2008.01.31	학사	http://architecture.hanyang.ac.kr/
2008년 전반기	홍익대학교 건축학전공	2008.06.05	학사	http://www.hongik.ac.kr/english_neo/
	울산대학교 건축학전공	2008.07.31	학사	http://archi.ulsan.ac.kr
2008년 후반기	경북대학교 건축학전공	2009.01.31	학사	http://archi.knu.ac.kr/

2008년 후반기	건국대학교 건축전문대학원	2009.01.31	석사	http://www.gsaku.ac.kr/
2009년 전반기	경기대학교 건축학전공	2009.07.31	학사	http://web.kyonggi.ac.kr/kgsak
	동아대학교 건축학전공	2009.07.31	학사	http://archi.donga.ac.kr/
	성균관대학교 건축학전공	2009.07.31	학사	http://arch.skku.ac.kr/
	연세대학교 건축학전공	2009.07.31	학사	http://arch.yonsei.ac.kr/main/
	한양대학교(안산) 건축학전공	2009.07.31	학사	http://arch.hanyang.ac.kr/
	호서대학교 건축학과	2009.07.31	학사	http://arch.hoseo.ac.kr/Pages/default.aspx
2009년 후반기	단국대학교 건축학전공	2010.01.29	학사	http://www.dk-archi.net/
	한밭대학교 건축학전공	2010.01.29	학사	http://cms.hanbat.ac.kr/arch/
2010년 전반기	국민대학교 건축학전공	2010.07.31	학사	http://archi.kookmin.ac.kr
	충주대학교 건축학과	2010.07.31	학사	http://architecture.cjnu.ac.kr/arch
2010년 후반기	경상대학교 건축학과	2011.01.31	학사	http://arch.gnu.ac.kr/home/
	목포대학교 건축학과	2011.01.31	학사	http://www.doa-mnu.com/
	세종대학교 건축학전공	2011.01.31	학사	http://arch.sejong.ac.kr/
	아주대학교 건축학전공	2011.01.31	학사	http://arch.ajou.ac.kr/index/
	영남대학교 건축학전공	2011.01.31	학사	http://arch.yu.ac.kr/
	이화여자대학교 건축학전공	2011.01.31	학사	http://ewharchitecture.kr/EAHome/
	전남대학교 건축학전공	2011.01.31	학사	http://altair.chonnam.ac.kr/~archi/
2011년 전반기	부산대학교 건축학과	2011.07.31	학사	http://archi.pusan.ac.kr/

*한국건축학교육인증원 웹사이트(www.kaab.or.kr)

사회적 규준이 뒷받침되지 못한 상황에서 건축학 인증제도가 앞서 추진됨으로 인해 이 제도의 유효성 및 타사회적 제도와의 연계성을 지속적으로 풀어나가야 하는 과제를 안고 있다.

2. 건축학 전공의 체계화

인증제도의 정착에 따른 건축교육의 가장 큰 변화는 첫째, 건축학과 건축공학의 전공 분리가 명확히 이루어졌다는 것이다. 기존의 관련 분야 전반의 인력 양성을 위한 통합교육을 해 왔던 국내 건축교육이, 건축가와 건축엔지니어를 양성하기 위한 각각의 전문교육시스템으로 나뉘었다. 건축학전공의 경우 건인원에서 제시한 학생수행평가기준 항목에 따라 전공 프로그램이 구성되었으며, 건축공학의 경우에는 공학인증에 부합하는 전공 프로그램으로 학과목이 구성되었다. 〈표 3〉과 〈표 4〉는 각각 건축학 전공프로그램과 건축공학 전공 프로그램 학과목 구성의 예시를 보여주고 있다.

건축학 프로그램의 두 번째 큰 변화는 설계 교과목이 모든 건축교육영역의 중심을 이루게 된다는 것이다. 2000년 이전까지는 대부분 대학의건축과에서 학부 2학년부터 4학년까지 3년(6학기)에 걸쳐 각 3학점으로 교육되었던 설계과목은 건축학과 건축공학의 분리 및 건축학인증제도화 이후 1학년부터 5학년까지 5년(10학기)에 걸쳐 연속적으로 이루어지게 되며, 이를 바탕으로 각 설계과목은 통상 한 주에 두 번 이상(6학점 12시간)의 수업

〈표 3〉 건축학 전공프로그램 교과목 구성(한양대학교 건축학부 건축학 인증기준 교과목 사례)

구분		1학년 1학기	1학년 2학기	2학년 1학기	2학년 2학기	3학년 1학기	3학년 2학기	4학년 1학기	4학년 2학기	5학년 1학기	5학년 2학기	학점소계
교양	일반	전공영어 3	전문학술영어 3 디지털정보의이해 3 수학과기하학 3 과학과기술영역 2									39 (20+18)
	교과기술술활동이해 세미나가세미나											
표현		기초표현1 3	기초표현2 3	예술/디자인1 3	예술/디자인2 3	3						—
					건축캐드	컴퓨터그래픽스						—
문화	역사 이론			한국건축사 3	서양건축사 3	현대건축사 3		도시사 3	3 건축설계론	3	건축론	3 24 (15+9)
	계획			건축계획 3	건축계획 3		단지계획 3					—
설계		기본설계1 3	기본설계2 3	스튜디오1 3	스튜디오2 6	스튜디오3 6	스튜디오4 6	스튜디오5 6	스튜디오6 6	스튜디오7 6	스튜디오8 6	6 54
기술	구조			건축구조시스템 3	건축구법1 3	건축구조역학1 3	건축구조계획 3	3				24 (12+6+6)
	환경					건축환경공학 3	건축설비개론 3	3				
	시공 재료						건축재료	건축시공계획 3	건축재료			
실무										건축실무 3		6
연구									건축기획 3	건축연구1 3	건축연구2 3	3 6
전공선택 (택4)								주거론 3 공간행태론 3 디지털디자인 3	실내디자인 3 조경론 3 건축상세미하 3	동양건축사 3 근대작품분석 3 현대도시론 3 건축세미나1 3	건축방재론 3 환경과생태건축 3 건설경영 3 건축세미나2 3	3 12 3 3 3
개설학점		15	18	18	18	18	18	15	15	15	15	165
		33		36		36		30		30		

* MSC 교과목은 공학프로젝트1 수강하기 전에 모두 이수하여야 함.

〈표 4〉 건축공학 전공프로그램 교과목 구성(한양대학교 건축공학부 공학 인증기준 교과목 사례)

구분		1학년 1학기	1학년 2학기	2학년 1학기	2학년 2학기	3학년 1학기	3학년 2학기	4학년 1학기	4학년 2학기	학점소계
교양	일반	커리어디자인(HELP1) 2 세미나/세미나 1 한양사회봉사 1	말과글 3 전문예술영어 3	과학기술의 3 철학적이해 3	글로벌리더십(HELP2) 2		비지니스리더십(HELP3) 2	셀프리더십(HELP4) 2		53 (18+35)
	MSC	일반화학및실험1 3 일반물리학및실험1 3 미분적분학1 3 디지털정보의이해와활용 3	일반화학및실험2 3 일반물리학및실험2 3 미분적분학2 3 컴퓨터프로그래밍 2	공업수학1 3	확률통계론 3		수치해석 3			21
문화 (역사/이론)								건축사 3		3
설계		기본설계1 3	기본설계2 3	건축디자인1 3	건축디자인2 3 건축계획 3	건축종합설계1 3	건축종합설계2 3			21
기술	구조			공학역학 3 건축구조시스템 3	재료역학 3	건축구조역학1 3 철근콘크리트구조1 3	건축구조역학2 3 철근콘크리트구조2 3	강구조 3	건축구조계획 3 건축공학설험 3	78 (30+24+27)
	환경			건축환경공학 3	건축유체열역학 3 건축설비계론 3	HVAC시스템디자인 3	건축음향 3	건물에너지 3	환경과생태건축 3 전기화조명설비시스템 3	3 3
시공 재료			건축재료 3	건축구법 3		건축시공계획 3 토질및기초공학 3	건설사업관리 3	건축구법2 3 공업경제학 3 건설프로젝트기획및개발 3	측량학 3	3
실무								공학프로젝트 및 현장실습1 3	공학프로젝트 및 현장실습2 3	6
개설학점		19	20	23	23	18	20	23	18	졸업학점 140학점
		39		46		38		41		총 164학점

시간을 배정하게 되었다. 학교마다 다소의 편차는 있으나 1학년 또는 1, 2학년은 3 또는 4학점으로 편성된 기초표현이나 기본설계 과목이 다루어지며, 통상 2, 3학년 이후부터는 각 6학점, 12시간의 설계시수를 공통적으로 채택하고 있다.

이는 졸업 전까지 총 50학점 이상(건인원의 인증프로그램에 대한 수업현황 조사에서 나타난 각 프로그램들의 총 설계학점의 경우 40~58학점까지 다양하게 분포되고 있으며, 평균적으로 51학점 이상의 설계학점을 이수해야 하는 것으로 나타났다)의 설계학점을 취득해야만 함을 의미한다. 이러한 변화의 바탕은 건인원에서 요구하는 인증지침에 '설계 스튜디오의 교수진은 학생에 대해 충분한 개인지도가 가능하도록 학생 1인당 1주일에 40분 이상의 시간을 확보할 수 있도록 구성되어야 한다'는 항목에 기인하여 각 설계 스튜디오의 수강 학생수와 설계 1학점당 교육시수 및 시간이 결정되었기 때문이다. 기본적으로 건인원이 요구하는 건축교육은 설계실무 지향적인 전문 건축설계자를 양성하는 데 그 목표를 두고 있음을 알 수 있다. 이에 따라 설계교육의 내용 또한 설계의 초기단계부터 완결하기까지의 전 과정을 체계적으로 보여줄 수 있으며, 단계별로 제안하는 목적에 맞게 기술적으로 정확한 도서작성을 완성할 수 있는 종합설계능력을 지향하는 방향으로 구체화되었다.

건축학 교육의 세 번째 변화는 프로그램의 체계화이다. 2000년대 이전까지는 각 학교마다 건축학 교육 구성 교과목의 내용 및 학점 비중에 다소의 편차들이 있었으나, 인증제도화 이후 건축학 이수 교과 과정은 보다 체계화 및 표준화되었다. 이는 건인원이 제시하는 학생수행평가기준

(Student Performance Criteria)이 인증학위 프로그램을 평가하는 데 중요한 기준으로 작용하게 되고, 각 학교에서 개설하는 교과목들은 필연적으로 이 기준에 부합하는 과목들로 구성되었기 때문이다. 건인원이 제시하는 학생수행평가기준은 커뮤니케이션, 문화적 맥락, 설계, 기술, 실무의 다섯 영역에 걸쳐 37개 항목으로 구성되어 있으며, 기초 기술과 지식으로 시작하여 전문 영역을 포괄하는 항목들과 건축가의 사회적 역할에 관한 항목들을 포괄적으로 포함하고 있다〈표 5〉. 건인원은 학생수행평가기준을 건축사 자격 등록으로 이어지는 실무수련에 필요한 최소한의 기준으로 제시하고 있으며, 각 대학의 건축학 프로그램은 모든 졸업생이 프로그램에서 제시하는 고유의 필수교육 과정을 통해 모든 학생수행평가기준 항목들을 만족시킨다는 것을 증명할 것을 요구한다. 따라서 각 대학의 건축학 프로그램은 위에 서술한 설계(50학점 이상) 관련 교과목을 중심으로, 문화적 맥락(24학점 이상), 기술(24학점 이상), 건축실무 및 연구 분야의 관련 교과목들을 기본으로 하여 교양 및 전공 선택 과목들을 포함한 총 160학점 이상을 취득하는 프로그램을 지향하게 되었다.

2000년 이후 건축학 전공 프로그램의 주목할 변화 중 마지막 항목으로 새로운 교과목들의 도입을 들 수 있다. 기존의 도면작성방식이 컴퓨터에 크게 의존함에 따라 이제 건축 CAD 관련 과목들은 설계교육에서 빠질 수 없는 교과목이 되었다. 2000년대 이후에는 더욱 빠르게 발전하는 디지털 디자인 관련 기술들이 건축설계에 접목됨에 따라 Rhino, 3D Max 등을 활용해야 하는 3D 디자인 또는 BIM(Building Information Modeling) 관련 과목들이 건축교육에 중요한 비중을 차지하게 되었다. 이제 컴퓨터 관련 과목들은 단순히 도면작성 작업에 그치는 것이 아니라 형태 생성을 위한 창의적 작업부터 개념설계와 공정관리에 이르는 전 과정을 포함하는 내용들을 다루게 되었다. 2000년대 중반 이후 친환경성과 지속가능개발 등이 사회적 관심의 중심을 이루게 되면서 이와 관련된 교과목들 또한 건축교육에 주요한 부분을 차지하게 되었다. 이는 건축학 인증을 위한 학생수행평가항목에서도 중요하게 다루어지고 있는데, 건축과 도시의 지속가능성에 대한 이해(학생수행평가기준 11번), 지속가능한 환경조절방식의 이해(학생수행평가기준 26번) 및 시공재료와 폐기물의 재생가능성(학생수행평가기준 31번) 등 다양한 방법으로 이러한 주제들을 건축교육 프로그램에서 다룰 것을 요구하고 있다. 이로 인해 2000년대 이전에는 없었던 친환경건축 관련 이론/설계 과목들이 개설되었으며 교과목으로 구체화되지 않았으나 이론과 실무를 접목할 수 있는 건축실무, 인턴십 프로그램들이 건축학 교육프로그램에서 중요한 비중을 차지하게 되었다.

〈표 5〉 건인원이 제시하는 학생수행평가기준 항목

[커뮤니케이션]

01. 구두 및 문서 표현과 외국어 구사

상황과 상대에 맞추어 건축적 아이디어를 글과 말로 표현할 수 있으며 적정한 외국어를 구사할 수 있다.

02. 도서작성 및 발표 능력

각종 건축 도서 및 보고서를 간결하고 명쾌하게 작성할 수 있으며 적절하게 발표할 수 있다.

03. 지도력

건축 행위에 관련된 다양한 부류의 사람들과 협력을 이끌어나가기 위한 방법론 및 지도력에 대해서 인지한다.

04. 다양한 미디어 활용 능력

건축적 아이디어를 스케치, 도서, 모형, 디지털 표현형식 등 다양한 미디어를 사용하여 적절하게 표현할 수 있으며, 이 정보들을 설계에 적용할 수 있다.

[문화적 맥락(역사 · 행태 · 환경)]

05. 건축과 과학 및 예술

건축과 과학 및 예술의 관계를 이해한다.

06. 세계 건축사와 전통

세계의 건축역사와 전통의 다양성을 이해한다.

07. 한국 건축사와 전통

우리나라 건축의 고유한 사상과 문화적 전통을 이해한다.

08. 건축과 사회

건축의 역사적, 사회적, 지역적, 정책적 상관관계 및 상호영향 등을 이해한다.

09. 선례의 활용

건축, 도시, 조경 등의 선례들을 비평적 시각으로 건축적 논의에 이용할 수 있으며 이들을 설계에 적용할 수 있다.

10. 인간행태

물리적 환경과 인간행동 간의 관계를 밝혀 주는 이론과 방법을 이해한다.

11. 지속가능한 건축과 도시

건축과 도시의 지속가능성에 대해 이해한다.

[설 계]

12. 형태 및 공간구성

건축 및 도시설계의 기초를 이루는 2차원과 3차원 형태 및 공간구성의 기본원리를 이해하고, 이것을 건축적으로 구체화할 수 있다.

13. 분석 및 프로그램 작성

설계에 관련된 다양한 정보를 수집 및 분석하여 이를 종합한 프로그램을 만들 수 있다.

14. 협력 작업

개인의 재능을 극대화하는 다양한 역할을 인지하고, 설계팀이나 기타 다른 상황에서 책임자 혹은 팀의 일원으로 작업할 때 다른 구성원들과 협력할 수 있다.

15. 대지의 문화적, 역사적 맥락

프로젝트와 대지에 주어지는 다양한 문화적, 역사적 맥락의 이해를 바탕으로 설계개념을 추출하고, 이를 체계적으로 분석하고 평가하여 설계에 구체적으로 반영할 수 있다.

16. 대지분석 및 대지조성

대지의 자연적, 환경적, 기후적, 인공적 조건 등의 특성과 주어진 설계조건을 파악하고 외부공간 계획 및 대지조성 계획을 할 수 있다.

17. 무장애 설계

노약자 및 장애인 등을 포함한 다양한 건물 사용자의 요구를 고려하여 설계할 수 있다.

18. 안전 및 방재 설계

인명안전 및 방재의 원리를 바탕으로 건물 내외부에 적합한 소화, 피난, 방재 등의 시스템을 선정하여 설계에 적용할 수 있다.

19. 건물시스템 통합설계

건물의 구조, 외피, 구축방법, 기계, 전기 등의 설비요소들이 통합되는 건물시스템에 대해 이해하고 이를 설계에 적용할 수 있다.

20. 증개축, 보수, 유지관리 설계

증축, 개축, 보수, 유지관리 등 기존 건물의 형태 또는 기능을 변경하거나 유지 관리하는 문제를 다양하게 검토하고 판단하여 설계할 수 있다.

21. 주거지계획, 도시계획 및 도시설계

주거지계획, 도시계획 및 도시설계의 기본원리를 이해하고 비평적 시각으로 도시설계안을 평가할 수 있으며 이를 적용하여 설계를 할 수 있다.

22. 기술도서 작성

설계의 초기단계부터 완결하기까지의 과정을 체계적으로 보여줄 수 있으며 단계별로 제안하는 목적에 맞게 기술적으로 정확한 설명과 도서를 작성할 수 있다.

23. 종합설계

설계의 모든 단계에 걸쳐 필요한 요소들을 포괄하여 종합적으로 설계할 수 있다.

[기술]

24. 구조원리

구조에 관한 기초이론과 그 역학적 원리를 이해한다.

25. 구조시스템

다양한 건축 구조시스템의 특성과 적용방법을 이해한다.

26. 지속가능한 환경조절

지속가능한 환경조절 방식 및 순환체계의 과정을 이해한다.

27. 환경시스템

열, 빛, 음, 공기, 에너지 관리 등을 포함한 환경시스템에 관한 기본 원리 및 성능평가방법을 이해한다.

28. 설비시스템

기계, 전기, 통신, 방재 등을 포함하는 건물시스템을 선정하고 설계에 적용되는 원리를 이해한다.

29. 컴퓨터 응용기술과 통합설계

설계단계에서 컴퓨터를 이용한 응용기술 및 통합설계 방법을 이해한다.

30. 시공재료 및 부품

시공재료, 구성부재, 조립부품을 생산하고 사용하는 원리, 관습, 규격, 적용, 제한 등을 이해한다.

31. 재활용 및 유해방지

시공재료 및 건축폐기물의 재생 가능성과 유해성 및 규제 방식을 이해한다.

32. 시공절차 및 건설관리

시공에 필요한 물적, 인적, 기술적 자원을 지역의 특성을 고려하여 효율적으로 운용할 수 있는 시공절차 및 건설관리에 대하여 이해한다.

[실 무]

33. 건축사의 책임과 직업윤리

　건축주와 사회에 대한 건축사의 책임과 전문인으로서 직업윤리를 이해한다.

34. 프로젝트 수행 과정과 건축사의 역할

　수주, 계약, 기획 및 계획설계, 기본 및 실시설계, 시공사 선정, 시공 및 공사감리, 거주후평가(POE),
유지관리 등 프로젝트 수행의 모든 단계에서의 건축사의 역할을 이해한다.

35. 실무 관련 도서

　프로젝트를 수행함에 있어 경쟁력있고 책임있는 전문용역을 처리하기 위해 요구되는 다양한 도서 유
형을 인지한다.

36. 건축법규

　공공의 안전 및 복지, 재산권, 건축법규, 기타 설계, 시공, 실무에 관련된 제반 법령에 대해 이해하며
또한 이와 관련된 건축사의 법적 책임을 이해한다.

37. 건축사 사무소의 운영과 관리

　건축설계 실무가 행해지는 사무소의 운영 및 관리데 대한 기본적 사항과 방법을 이해한다.

* 한국건축학교육인증원 인증규준 집(2010)

3. 국제교류의 증대

1995년 세계무역기구(WTO) 체제가 출범하고 2001년 카타르 도하에서 지
적재산권 분야 등에 대한 다자간 협상일정을 담은 도하개발아젠다(Doha
Development Agenda)가 채택된 이후 국내에도 사회, 경제 등 전 분야에 걸쳐
국제화 추세에 불이 붙게 되었다. 국내 건축사제도를 국제기준에 부합되
게 개선할 필요성이 대두되었고, 국제교류에서의 경쟁력을 갖춘 건축가의
양성이 필요해졌으며, 국제인증의 제도화에 따라 교육계 또한 이러한 흐
름에 부합하는 국제화 프로그램 및 국제교류가 급속히 신장하게 되었다.
2000년대 이전에도 각 대학들의 국제교류 프로그램들은 산발적으로 시행

되어 왔으나 2000년 이후에는 외국대학과의 설계프로그램 공유를 위한 해
외 유수 대학과의 협약체결, WCU(World Class University)사업 등을 추진하며
이를 바탕으로 보다 체계화되고 정례화된 교육 과정들을 개설하였다. 각
대학들은 외국 건축대학과의 연계 프로그램, 교환학생, 국제워크숍, 외국
인 교수의 초빙 등 다양한 형태로 국내 건축설계교육의 체계화된 국제화
를 도모하기 시작하였다.

현재 각 대학들이 진행하고 있는 국제교류 프로그램들은 무척 다양하
고 방대하다. 이에 대한 종합적인 데이터가 취합된 것이 없는 이유로 몇
개 대학만을 대상으로 한 사례들을 살펴보면 〈표 6〉과 같다.

〈표 6〉 국제교류 프로그램 사례

	한양대학교(서울) (2010년 기준)	서울시립대학교 (2010년 기준)
국제 워크숍	1. 국제공동스튜디오 참여대학교 : 라빌레뜨 대학(프랑스), 밀라노공 대, 베니스대학(이태리), 칭화대학 (중국), 한양대학교, 경상대학교 -2002년 이후 매년 시행 2. 3개국 공동워크샵 참여대학교 : 한양대학교, 시바우라대학(일본), 벨빌대학(프랑스) -2009년 이후 매년시행	1. ACAU(아시아건축도시연합 - 2004년부터 매년시행) 2. 슬로베니아 루블랴나 대학 워크샵 (2010) 3. 상해 통지대 국제교류 스튜디오 (2009) 4. 덴마크 아루후스대학 공동워크샵 및 전시회(2009)
교환학생	싱가포르 국립대학(8-10명) 스페인 바르셀로나대학 (2명)	9명(싱가포르2 체코2, 중국2, 핀란드3)
교환프로그램	유타대학교 Illinois institute of Technology	3개국(싱가포르/일본/독일)
외국인 전임교수 수	2명(일본, 독일)	2명(네덜란드, 슬로베니아)

4. 교육환경의 개선

2000년대 들어와 건축학인증이 제도화되면서 건축교육에 미친 가장 긍정적인 변화 중 하나는 교육환경의 개선에 있을 것이다. 우선 설계실을 제외한 여타의 실습공간이 부실했던 이전 상황에서 각 대학들은 인증취득을 위해 건인원이 제시하는 인증규준에 부합하는 물리적 조건을 충족하기 위한 노력을 기울이게 되었고, 이는 건축학 교육환경의 질적, 양적 성장으로 이어졌다. 2010년 개정된 건인원의 인증규준집에 제시된 물리적 자원의 주요내용에 따르면 학생들이 24시간 이용할 수 있는 개인자리가 확보된 설계 스튜디오, 도서실, 학생작품의 발표 및 전시를 위한 프로젝트 평가 및 전시실, 컴퓨터 및 출력실, 모형제작실, 모형촬영실, 학생작품 및 기자재 보관을 위한 시청각 자료실 등을 건축학 교육을 위한 표준시설로 제시하고 있으며, 이에 대한 도면과 위치, 면적, 수량 등 구체적 정보를 요구하고 있다.

건인원이 표방하는 인증기준이 정성적 평가방식에 있기 때문에 정량적 기준 제시는 최소화되어 있으며, 물리적 자원에 대한 정량적 기준 또한 매우 제한적임에도 불구하고, 대부분의 대학들은 24시간 이용할 수 있는 개인자리를 확보한 각 학년 스튜디오를 갖추게 되었다. 건인원 인증평가 이후 국내 건축학 교육프로그램에 대한 물리적 자원 현황조사에서 나타난 설계스튜디오의 개인 면적은 평균 약 3.7m²이다. 또한 앞서 제시된 개인별 지도시간 기준을 만족하기 위해서는 13~15명 정도의 소규모 스튜디오

운영을 하게 되었고, 이에 따른 적정 면적을 확보해야 하기 때문에 대부분의 프로그램이 2000년대 이전에 비해 개선된 설계 스튜디오 환경을 확보하게 되었다. 이러한 교육환경 및 프로그램의 변화는 학생생활의 베이스가 설계 스튜디오가 되게 만들었으며, 학교의 많은 이론과목들은 설계와 직접적인 관련을 맺도록 구성되었다. 이에 더 나아가 인증을 취득하였거나 그 계획을 가진 대부분의 프로그램 대학들은 과거 일부 대학만이 보유하고 있던 모형제작실, 촬영실, 자료실 등을 건축교육을 위한 기본환경으로 대부분 인식하게 되었고, 이에 대한 시설을 갖추게 되었다. 〈표 7〉은 2006년부터 2008년까지 최초 인증후보자격을 신청한 39개 건축학부 프로그램 자료를 바탕으로 건인원이 분석한 주요시설의 1인당 최대, 최소 및 평균 면적을 보여주고 있다.

〈표 7〉 주요 시설자원 현황(1인당 면적, 단위 m²)

구분		전체			국공립대			사립대		
		최대	최저	평균	최대	최저	평균	최대	최저	평균
설계 스튜디오	면적	6.5	2.5	3.7	6.5	2.5	4.0	6.0	2.5	3.5
	개수	30	4	12	18	4	10	30	5	14
컴퓨터실		6.0	1.4	2.7	3.6	1.5	2.4	6.0	1.4	3.0
모형제작실		7.6	1.8	4.2	7.6	1.8	4.0	6.5	2.5	4.2
학과 도서관		9.1	1.7	3.9	9.1	1.7	4.4	6.5	1.9	3.6
사진스튜디오		9.9	1.3	4.0	9.9	1.8	4.4	5.3	1.3	3.7
세미나실		6.2	1.0	2.7	6.0	1.1	3.0	6.2	1.0	2.4
회의실		4.0	1.2	2.3	2.5	1.7	2.0	4.0	1.2	2.5
설계평가실		3.4	0.8	2.1	3.4	0.8	2.1	3.3	1.3	2.2
전시실		5.2	1.2	3.0	5.0	1.7	3.1	5.2	1.2	3.0

*한국건축학교육인증원 교육과학기술부 지원사업 최종 보고서, 국제화 대응을 위한 건축학교육 인증기준 개정 연구(2009)

5. 현재 교육 변화의 한계 및 문제점

2000년대 이후 지난 십 년간 국내 건축교육은 보다 체계화 되고 질적 성장
을 이루었으며, 이러한 발전의 바탕에는 2000년대 초반부터 진행되어온
건축학교육 인증제도화의 정착에 있음을 부인할 수는 없다. 그러나 건축
학 교육의 개선은 비단 학교만의 문제가 아니라 관련된 제도와 시스템의
뒷받침이 있어야 한다. 제도적으로는 건축사법이 개정되어야 할 것이며(현
재 새로운 건축사법은 2012년 발효될 예정이다), 개정된 법에 따라 건축사등록원이
설립되어 건축학교육인증원과 보조를 갖추는 시스템이 마련되어야 할 것
이다. 그럼에도 한국은 이 역순으로 건축학 교육을 개혁하고, 그 다음으로
제도의 개선과 관련 단체의 설립을 기대하고 있다. 이러한 모순은 이미 5
년제 학부를 마치고 졸업한 학생들에 대한 실무수련 시스템을 아직 제공
해주지 못하는 현상으로 나타나고 있다. 5년제 인증프로그램에 재학 중인
학생들은 학부 과정에서 이루어진 실두수련이나 졸업 후 설계사무소에서
의 경력이 모두 건축사등록원에 기록되어 향후 건축사 자격을 취득하는
데 연계할 수 있는 시스템을 갖춰야 한다.

반면 건축사법 개정과 건축사등록원의 설립이 지체됨으로 인해 인증
프로그램에 대한 당위성과 유효성이 의심받고 있는 것 또한 사실이다. 이
로 인해 건축학 인증프로그램 졸업자들을 위한 사회적 제도 정비의 필요
성이 지속적으로 요구되고 있다. 따라서 전문가 양성을 위한 교육체제 정
비 및 교육은 대학에서 이루어지지만, 이를 수용하여야 할 사회는 할 수 있

는 시스템 정비에 대한 논의가 조속히 이루어져야 할 것이다.

인증제도에 의한 5년제 건축학 프로그램은 또 다른 건축교육의 획일화를 만드는 기준으로 작용한다는 우려 또한 없지 않다. 각 대학 특성과 지역적 여건에 따른 건축교육과 학제의 개발에 앞서, 인증 그 자체를 목적으로 각 대학의 교육프로그램을 건인원에서 제시하는 인증규준의 내용과 동일하게 설정함으로 인해 서로의 획일화되는 경향 또한 나타나고 있다. 국내의 바람직한 건축학 교육을 위해서는 5년제 건축학 프로그램과 함께 다양한 건축학 교육체계가 상호보완적 역할을 하여 각 대학이 설정한 교육목표에 따라 다양하고 유연한 교육내용 및 학제를 설정할 수 있어야 할 것이다. 협의적 의미에서 교육과정 및 내용을 상호 공개하고, 편입학 등을 통해 원활하게 연계될 수 있는 모델구축의 필요성이 제기되며, 광의적 의미에서 유럽형 모델(3+2)에서 제시되는 바와 같이 대학이수과정 중에 인턴과정을 이수하다가 필요할 경우 심화과정 이수를 통해 인증프로그램의 졸업을 하는 등 다양한 이수 트랙 모델의 개발이 요구된다. 또한 획일적인 5년제 인증프로그램을 지향하는 것이 아니라 4년제 비인증 트랙과 2 또는 2+1/2의 인증트랙 전문대학원을 연계시킬 수 있는 학제의 개발도 보다 활성화되어야 할 것이다.

현재 국내 건축교육이 지향하고 있는 전문학위과정(professional degree)은 그 자체로서 사회에 진출하여 직접 실무에 적용할 수 있는 직능교육을 목표로 하며, 그 결과 학문탐구 및 이론 연구를 위한 대학원 진학 수요의 고갈 및 학문 후속 세대의 결핍을 초래하고 있다. 5년제 건축학부를 마친 후

2년의 대학원 학위기간은 시간적·경제적 부담으로 작용하며 이로 인해 학부 졸업생들은 사회에 곧바로 진출하려는 경향으로 나타나고 있다. 이는 대학원교육의 위축뿐 아니라 학문의 다양성과 심도를 저해하는 요인으로 작용하고 있다. 그러므로 현재의 경직된 인증학위제도 내에서 대학원과 연계된 보다 유연하고 다양한 학제 및 학위 과정에 대한 진지한 고민이 요구되는 바이다. 또 건축학과 건축공학의 전공 분리는 전문가 교육을 위한 건축교육의 출발점에서 디자인과 기술의 통합학문인 건축의 속성을 도외시한 채 디자인과 기술이 격리되어 각자의 갈 길만 가는 양상을 보이고 있어 설계사무실이나 건설회사 등 기업이나 사회적 수요에 적극적으로 대응하지 못하는 속성 또한 내재하고 있다.

새로운 세기를 시작하며 지난 십 년간 국내 건축교육은 국제화와 선진화를 위한 비약적인 토대를 구축해왔다. 그러나 아직 개선해 나가야 할 여지는 산재하며, 각 대학 및 프로그램이 처한 여건과 환경에 대한 정확한 자가진단으로부터 특성화 또는 각 프로그램의 존재가치를 보여줄 수 있는 교육목표 및 수행방법에 대한 추구가 필요할 것이다.

참고문헌
- 김광현, 한국의 건축학 교육의 두 가지 문제, 대한건축학회, 건축, 2009.10
- 김정곤, 실무교육을 중심으로 한 건축설계 교육방향에 관한 연구, 대한건축학회, 건축, 2002. 04
- 대한건축학회, 2009 전국대학 건축관련 학과 명부, 2009
- 임지택, 소갑수, 통합지향적인 건축학 교육, 대한건축학회, 건축, 2010.09
- 정영수, 건축교육 특성화 : 5년제 건축대학 사례와 시사점, 대한건축학회, 건축, 2010.09
- 추승연, 국내 5년제 건축학 인증프로그램의 현황과 문제점, 대한건축학회, 건축. 2010.09
- 한국건축학교육협의회, 건축학교육백서, 2010
- 한국건축학교육인증원, 2010년도 한국건축학교육인증원 인증규준, 2010
- 한국건축학교육인증원, 국제건축사 인증기반 확립을 위한 인증기준 및 정책개발 연구, 2006.12
- 한국건축학교육인증원, 국제화 대응을 위한 건축학교육 인증기준 개정 연구, 2009.01
- 한국건축학교육인증원, 전문분야 평가 인증기관 지원사업 최종보고서, 2009.12

찾 아 보 기

한국현대건축총람(2000~2009)

초판 1쇄 인쇄 2012년 2월 16일
초판 1쇄 발행 2012년 2월 23일

지은이 (사)한국건축가협회
펴낸이 김호석
펴낸곳 도서출판 대가
편집부 김현, 권순현
디자인 김진나
마케팅 민경업, 박경연
관 리 방경희

등록 제 311-47호
주소 서울시 마포구 상수동 6-1 대한실업빌딩 301호
전화 02) 305-0210 / 306-0210 / 336-0204
팩스 02) 305-0224
전자우편 dga1023@hanmail.net
홈페이지 www.bookdaega.com

ISBN 978-89-6285-082-6 93500